U0315850

化学实验室建设基础知识

周西林　杨培文　李启华　编著

北京

冶金工业出版社

2018

内 容 简 介

本书阐述了高校、科研机构及工厂的化学实验室建设过程中所涉及的基础知识。该书主要介绍了实验室概述、化学实验室设计、化学实验室用水系统、供电系统、气体配送系统、空调及通风系统、消防系统、"三废"处理、仪器安装和化学实验室设计案例。以浅显易懂的语言、图文并茂的方式，帮助分析人员了解化学实验室建设方面的知识，并为仪器生产厂家安装仪器提供一定的帮助。

本书可供各类化学分析人员、实验室管理人员、大中专院校学生、实验室设计人员及仪器生产厂家相关人员参阅，也可作为相关培训机构的培训教材。

图书在版编目 (CIP) 数据

化学实验室建设基础知识/周西林，杨培文，李启华编著 . —
北京：冶金工业出版社，2018.1
ISBN 978-7-5024-7622-9

Ⅰ. ①化…　Ⅱ. ①周…　②杨…　③李…　Ⅲ. ①化学实验—
实验室—建设　Ⅳ. ①O6-31

中国版本图书馆 CIP 数据核字（2017）第 258396 号

出 版 人　谭学余
地　　址　北京市东城区嵩祝院北巷 39 号　邮编　100009　电话　(010)64027926
网　　址　www.cnmip.com.cn　电子信箱　yjcbs@cnmip.com.cn
责任编辑　李培禄　美术编辑　吕欣童　版式设计　孙跃红
责任校对　郭惠兰　责任印制　李玉山
ISBN 978-7-5024-7622-9
冶金工业出版社出版发行；各地新华书店经销；三河市双峰印刷装订有限公司印刷
2018 年 1 月第 1 版，2018 年 1 月第 1 次印刷
787mm×1092mm　1/16；8.75 印张；213 千字；134 页

30.00 元

冶金工业出版社　投稿电话　(010)64027932　投稿信箱　tougao@cnmip.com.cn
冶金工业出版社营销中心　电话　(010)64044283　传真　(010)64027893
冶金书店　地址　北京市东四西大街 46 号 (100010)　电话　(010)65289081(兼传真)
冶金工业出版社天猫旗舰店　yjgycbs.tmall.com
（本书如有印装质量问题，本社营销中心负责退换）

前　言

目前，人类已经进入了 21 世纪，科技发展日新月异，"以人为本，人与环境和谐"已成为人们高度关注的话题，这无疑给广大科技工作者提出了新的要求。对于化学实验室来说，实验室的内部环境对实验结果的影响尤为重要。因此，作为一个从事化学研究、教学及实验的科技工作者，仅仅熟悉必要的专业知识是不够的，还需要对实验室建设基础知识有一定的了解，以适应当今社会的发展，保证化学实验过程具有安全性、舒适性、环保性、效率性和效益性，从而达到提高化学实验人员工作效率和身心健康的目的。本书以浅显易懂的语言和图文并茂的方式，帮助广大化学实验人员了解化学实验室建设方面的基础知识，同时也为仪器厂家的相关人员安装仪器提供切实的帮助。

本书作者根据所学的化学专业知识和实验室建设知识，结合 30 余年来的生产、科研、培训、化学实验室建设及其应用等方面的丰富经验，通过精心组织编撰而成。本书可供各类化学分析人员、实验室管理人员、大中专院校学生、实验室设计人员及仪器生产厂家相关人员参阅，也可以作为相关培训机构的培训教材。

本书由重庆市计量质量检测研究院周西林高级工程师、重庆三迈实验成套装备有限公司杨培文高级设计师、重庆长安工业（集团）有限责任公司李启华研究员高级工程师共同撰写，由杨培文和李启华共同整理及审稿，周西林统稿。具体编写工作分工如下：周西林：第 1~3、9 章；杨培文：第 4~6、10 章；李启华：第 7、8 章。

在本书的编写过程中，重庆市计量质量检测研究院院长戚宁武先生、重庆市计量质量检测研究院副院长李立先生、国家铝镁合金及制品监督检验中心（重庆）副主任于翔先生、重庆市计量质量检测研究院材料中心副主任云腾先生、无锡市金义博仪器科技有限公司董事长叶反修先生、重庆市机械工业理化计量中心主任叶建平先生、重庆长安工业（集团）有限责任公司余锦研究员高级工程师、重庆钢铁股份有限公司钢研所标样室主任黄启波先生、重庆科技学院化工学院副教授姜和老师、重庆工业职业技术学院化学与制药工程学院院长李应博士等给予了大力支持和鼓励，在此一并致以衷心的感谢。

　　由于编者水平有限，书中存在的不足之处，恳请广大读者批评指正。

编著者

2017 年 7 月 15 日于重庆

目　　录

第 1 章　实验室概述

当今世界，随着经济全球化深入发展，国际竞争日趋激烈。无论是在企业、科研院所还是高校，实验室对提高产品质量、科研水平及人才的培养教育都起着至关重要的作用。在企业，实验室是最重要的职能部门之一，它控制着原材料检验、中间过程、产品的出厂检验及新产品研发这几个重要环节；在科研院所，实验室是科研人员不可缺少的因素，它决定着科研项目是否能够顺利进行；在高等院校，实验室是开展实验教学、培养学生实践能力与综合素质的主要场所，也是实现高等院校培养高级专门人才的目标和学生完成学业的必备条件。总之，实验室的特点为：（1）产品质量的保证部门；（2）科技创新的主要基地；（3）专门人才的培养摇篮。

1.1　实验与试验

实验室在生产、科研和教学过程中的作用是巨大的，那什么是实验呢？在《现代汉语词典》中，这个词的释义是：为了检验某种科学理论或假设而进行某种操作或从事某种活动。可以这么理解，实验是对抽象的知识理论所做的现实操作，用来证明它的正确性或者推导出新的结论。它是相对于知识理论的实际操作。它一般是为了尝试确定某一系统的假设是否合理而做的事情，具有尝试新的和未知的东西的含义，用于验证已经形成的理论，获得经验；摸索新的理论，得到教训。一般指进行时间比较快的情况，如化学实验，通过实例验证已经形成的定理。

什么是试验？在《现代汉语词典》中，"试验"这个词的释义是：为了察看某事的结果或某物的性能而从事某种活动。试验是对事物或社会对象的一种检测性的操作，用来检测那些正常操作或临界操作的运行过程、运行状况等。它是就事论事的。试验一般是为了确定某一具体的问题所做的事情，属于比较常规的活动。一般指进行过程比较慢的情况，如种试验田，就是尝试验证新的事物。

实验和试验有什么区别和关系？实验与试验的区别是：试验是对未知结果所进行的工作；实验是对已知结果所做的工作。著名的思想家胡适认为："实验"和"试验"都是从事某种活动的意思，但是这两种活动的出发点不同。实验活动带有明确的对活动结果的预期，而且预期的实验结果是值得肯定的，将有利于实验活动的参与者；如果预期的实验效果没有达到，实验者可以调整实验条件，直到预期效果出现为止。而试验活动强调的是"尝试"，试验的结果难以预料，可能好也可能坏，试验者就是希望通过尝试弄清结果好坏。因此，可以这样认为，实验不一定要试验，而试验一定要实验；试验都是实验，实验比试验的范围宽。工厂的产品可以抽样检测，是试验。试验的结果可能是破坏性的，因此不能试验所有的产品。相反，如果产品质量不太稳定，必须对所有产品都做最起码的检测，以证明它基本达标，并做出符合性判定，这是实验。

1.2　实验室分类

什么是实验室？笼统的理解是该场所有很多分析仪器，比如色谱类、质谱类、光谱类分析仪器；其用途非常广泛，比如材料分析，是对某种物质的含量及种类的测定，即对某种物质的定性或定量的分析测定。我们日常生活中常遇见的农药残留、瘦肉精检测，都是实验室所做的检测项目。实际上它有两层意思。首先，它是一个进行试验的场所，是科技的产出地，它是人类为认识自然、改造自然，利用自然界中与人类生产生活相关的物理、化学、生物等各种因素，经特殊实验技术，按照科学的规律进行实验活动的场所。其次，它是一个机构。实验室是指在科学上为阐明某一现象而创造特定条件，以便观察它的变化和结果的机构。比如材料实验室是指对材料、产品的特征或性能进行测量、检查、试验、检定（校准）或其他测量的实验室。

实验室的分类方法有三种：按学科划分、按实验室特性划分、按行业划分。按学科划分，可分为化学实验室、物理实验室、生物实验室。化学实验室主要从事无机化学、有机化学、物理化学、分析化学等领域的研究、分析和教学工作。一般包括化学实验室、精密仪器室、天平室、标准溶液室、药品室、储藏室、高温加热室、纯水室等。物理实验室包括电学实验室、热学实验室、力学实验室、光学实验室、综合物理实验室等。生物实验室可细分为动物学实验室、植物学实验室和微生物实验室。动物学实验室包含普通动物实验室和洁净动物实验室，一般由前区、饲养区、动物实验室、辅助区组成。植物学实验室主要进行植物解剖、制片染色、细胞化学成分的测定、微生物检测、基因的分离纯化、体外扩增技术、蛋白质定量测定、电泳分析等。微生物实验室分为病原微生物实验室和卫生微生物实验室。病原微生物实验室主要以病毒和细菌的鉴定和分类为主，实验室涉及 1~4 类病毒（菌），根据危害等级依次为 P1~P4 实验室。危害越大，实验室洁净度等级越高。微生物实验室主要以产品监测和检验为主，实验室对象主要有食物、化妆品、空气和水等。为了防止环境对样品或者样品之间的污染，一般实验都需在洁净环境中完成。

按实验室特性划分，可分为干性实验室与湿性实验室、主实验室与辅助实验室、常规实验室与特殊实验室、危险性实验室。干性实验室是指精密仪器室、天平室、高温室等不使用或较少使用水的实验室。湿性实验室是指样品前处理室、滴定分析室、离心室、沉淀室、过滤室等常规实验而需要配备给排水的实验室。主实验室是指从事分析或研究活动的实验室，如精密仪器室等。辅助实验室是指为主实验室的实验活动进行辅助性工作的实验室，如天平室、高温加热室、样品室等。常规实验室是指无压差及无洁净度要求的普通化学实验室、物理实验室及生物实验室。特殊实验室是指洁净实验室、防静电实验室、恒温恒湿实验室、移动实验室等满足特殊需要的实验室。危险性实验室包括生物安全实验室、辐射性实验室、易燃易爆危险品实验室等对人或环境有潜在危险性的实验室，如有毒有害试剂室、易燃易爆气瓶室等。

按行业划分，可分为疾控中心、出入境检验检疫、环境监测、水质检验、产品质量检验、农产品检验、食品药品检验、医学检验、分析测试中心、公安系统、科研孵化器、教学系统、工厂、核电系统等实验室。

1.3 化学实验室分类

化学是重要的基础科学之一，是一门以实验为基础的学科，因此化学实验在学科发展中起着至关重要的作用。化学实验室是提供化学实验条件及其进行科学探究的重要场所。化学实验室主要从事无机化学、有机化学、物理化学、分析化学等领域的研究、检测和教学工作。一般包括化学分析室、仪器分析室、天平室、样品室、标准溶液室、药品室、储藏室、高温室、纯水室等。化学分析室属于湿性实验室，也是主实验室，主要进行样品处理、滴定分析、离心、沉淀、过滤等常规实验，需要配备除尘装置、给排水系统、通风装置和喷淋装置。仪器分析室，也称"精密仪器室"，属于干性实验室、主实验室，主要进行仪器分析实验，可配置温湿度计、空调和除湿机等附属设备，有时根据需要还会配置供气系统、报警系统、给排水系统和通风装置。天平室、样品室、标准溶液室、储藏室和药品室都是辅助实验室，可配置温湿度计、恒温装置、空调和除湿机等附属设备，有时根据需要还会配置报警系统、给排水系统和通风装置的实验室。高温加热室和纯水室也是属于辅助实验室，它根据情况可以安装换气装置。除此之外，上述实验室还应当配置合适的消防器材和防毒面具。

化学实验室存放物品主要有分析仪器、试剂、实验设施。分析仪器按其功能可分为三类：

第一类是指不具备测量功能，或者通常只需要校准，供应商的技术标准可以作为用户需求的仪器。如磁力搅拌器、离心机和摇床等，这类仪器主要放置在化学分析室。

第二类是指具有测量功能，并且仪器控制的物理参数（如温度、压力或流速等）需要校准的仪器。通常需要进行安装确认和运行确认，并制定相关操作规程。如熔点仪、分析天平、pH 计、折射仪和滴定仪等。这类仪器应该放置在专门的房间，如分析天平应该放置在天平室。

第三类仪器通常包括仪器硬件和其控制系统（硬件和软件）。用户需要对仪器的功能要求、操作参数要求、系统配置要求等详细地进行描述。此类仪器和设备需要安装确认、运行确认或专门的性能确认，并制定相关操作规程、校验和维护计划。如溶出仪、紫外分光光度计、高效液相色谱仪、气相色谱仪、恒温恒湿箱、红外光谱仪、电感耦合等离子体发射光谱仪等仪器应该放置在专门的仪器分析室内。

化学实验室常见的分析仪器主要有玻璃仪器、非玻璃仪器、色谱仪器、光谱仪器、电化学分析仪器、常规实验仪器、专用分析仪器和样品前处理设备。

玻璃仪器，包括试管、容量瓶、移液管（检定规程称为吸量管）、锥形瓶、滴定管、酒精灯、量筒、烧杯、干燥管等。非玻璃仪器，如三脚架、石棉垫、酒精喷灯和滴定架等。色谱仪器，常见的有气相色谱仪、液相色谱仪、凝胶色谱仪、离子色谱仪和薄层色谱仪等。光谱仪器，常见的有紫外及可见分光光度计、近红外分光光度计、红外分光光度计、原子吸收分光光度计、原子荧光分光光度计、荧光分光光度计、光电直读光谱仪、电感耦合等离子体原子发射光谱仪、X 射线荧光光谱仪、激光光谱仪和拉曼分光光度计等。电化学分析仪器，常见的有电导分析/pH 分析仪、电位分析仪、电解库仑分析仪、极谱伏安分析仪、流动注射分析仪、滴定仪和电泳仪等。常规实验仪器，主要有电热干燥箱、蒸馏水器、电炉、马弗炉（高温电炉）、低温冰箱/保存箱、摇床（振荡器）灭菌器、恒温水浴/油浴和超净工作台等。专用分析仪器，常见的有水质专用分析仪、药物专用分析仪、环保专用仪器和食品专用仪器，其中，药物专用分析仪主要有崩解仪、药物溶出度仪、片剂硬度计、澄明度测定仪、热源测温仪和脆碎度仪；环保专用仪器主要有声级计、照度计、大气采样器和辐射仪；食品专用仪器主要有粗脂肪测定仪、定氮仪、粗纤维测定仪和黄曲霉素测定仪。样品前处理设备主要有微波消解仪、旋转蒸发仪、固相萃取/固相微萃取仪、快速溶剂萃取仪和 GPC 凝胶渗透仪等。

试剂，又称化学试剂，主要是实现化学反应、分析实验、研究试验、教学实验、化学配方筛选的纯净化学品。一般按用途分为通用试剂、高纯试剂、分析试剂、仪器分析试剂、临床诊断试剂、生化试剂、无机离子显色剂试剂等。试剂的等级有四种规格：优级纯或一级品（GR，精密分析和科学研究工作用）、分析纯或二级品（AR，重要分析和一般研究工作用）、化学纯或三级品（CP，工矿及学校一般化学实验用）和实验试剂（LR）。该类物品应该放置在药品室内。

实验室的设施主要有实验台、水槽、排风柜、气瓶柜、药品柜、天平台、紧急冲淋装置（紧急冲淋洗眼器/紧急洗眼器）。实验台是指在实验室内进行实验检测及存放仪器所使用的工作台面，由框架、台面、箱体、抽屉、门、滑轨、铰链、拉手和地脚组成。按照摆放的位置分为中央实验台、边实验台、转角台；按照制作材料可分为全钢结构实验台、钢木结构实验台、铝木结构实验台、全木结构实验台和聚丙乙烯（PP）结构实验台等。

1.4　化学实验室系统工程

化学实验室的建设是一项复杂的系统工程。在现代实验室里，先进的科学仪器和优越完善的实验室是提升现代化科技水平、促进科研成果增长的必备条件。完整的化学实验室大致包含有实验室配套家具、实验室配套室内装饰系统、实验室配套通风系统（补、排风）、实验室配套空调系统、实验室配套电气系统、实验室配套给排水系统、实验室配套的三废处理系统、实验室配套供气系统、实验室纯水系统、实验室智能化控制系统、实验室安全防护系统。

实验室配套室内装饰系统是指：在现有土建基础上，针对实验室功能和特性所做的实验室墙体、地面、顶面、门窗等相应的设计与安装体系，以满足使用的要求。通风系统一般包含废气源收集设备、通风管道、消声器、废气净化设备（酸碱无机、有机废气）、风机、控制系统等。根据实验室不同的要求，实验室配套空调系统按布置方式不同可分为分散型空调系统、集中型空调系统及局部集中型空调系统。普通实验室的空调系统是指对洁净度没有特殊要求的实验室空调系统，一般配备舒适性空调即可。针对有些精密仪器室要求保持恒温恒湿，需配置恒温恒湿空调机组。实验室供电系统，包括实验室设备仪器动力配电、实验室照明、实验室弱电以及不间断电源。实验室给水系统，包括实验给水系统、生活给水系统和消防给水系统。其中，实验给水系统包含实验用自来水、实验用纯水、实验用热水等。实验室排水系统，需根据实验室排出废水的成分、性质、流量、排放规律的不同而设置。对于含有多种成分、有毒有害物质、产生相互作用、损害管道或造成事故的废水，需集中收集、中和、净化处理，待达到普通水质标准后方能排入市政管网。实验室供气系统中，常见的有精密分析仪器使用的高纯气体、化学反应实验使用的气体（如氯气）及辅助实验使用的煤气、压缩空气等。其中，如气相色谱仪、气质联用仪、原子吸收光谱仪、原子荧光光谱仪、电感耦合等离子体发射光谱仪等精密仪器，使用的高纯气体主要有不燃气体（如氮气、二氧化碳）、惰性气体（如氩气、氦气）、易燃易爆气体（如氢气、乙炔）、助燃气体（如氧气、压缩空气）等。根据供气方式的不同，可分为分散供气式和集中供气式两种。实验室智能控制系统，包括智能通风系统、智能供气系统、实验室信息管理系统、办公自动化系统、综合布线系统、安全防范系统、火灾自动报警系统等。

1.5 化学实验室要求

在现代化实验室里，先进的科学仪器和完善的实验设备是提升科研水平、检测水平和教学水平的必备条件。在化学实验室设计中，安全、高效、美观是首要考虑的三大要素，"以人为本"为第一遵循准则。化学实验室有三大要求，即安全性要求、环境要求和设施要求。

"安全"是指在进行实验作业时，必须确保安全性，尤其是在进行化学试验时，必须有效地排出有毒、有害、有味的废气，以保障实验人员的身心健康。"高效"是指提高实验效率，才能加快实验进程，必须根据不同的实验课题，以及其工艺性配置合适的实验设备。"美观"是指其外观设计可选择以淡雅、清新、亲切及悦目的色彩，符合人体工程学的外形尺寸，方便、美观大方的样式，选用不同材质，可以为实验室工作人员提供良好的工作环境。另外，由于化学实验是在一定的条件下进行的，为了保证化学实验的顺利进行，就必须对化学实验室的环境和设施提出一定的要求。

环境要求，主要考虑的因素有通风、湿度、温度和洁净度。实验室经常由于实验时间长、人员多和实验过程中产生一些有害气体，造成空气污浊，对人体不利。为了防止实验室工作人员吸入或咽入一些有毒的、可致病的或毒性不明的化学气体，实验室应有良好的通风。必要时应设通风设备。通风设备有排风柜、通风罩或换气扇。除此之外，对有机溶剂进行前处理和使用电炉进行前处理的排风柜应分别布置在不同的实验室，局部排风装置和排风罩必须具有足够的功率，否则实际工作中难以满足使用要求。适宜的温度和湿度，是化学实验室不可缺少的因素。该因素对在实验室工作的人员和仪器设备都有一定的影响。对于温湿度的选择，首先识别各项工作对环境温湿度的要求。主要识别仪器的需要、试剂的需要、实验程序的需要，以及实验室员工的人性化考虑四个方面，列出对温湿度控制范围要求的清单。其次选择并制定有效的环境温湿度控制范围。从以上各要素所有要求清单中选择最窄范围作为该实验室环境控制的允许范围，并依据实际情况制定合理有效的标准作业程序。最后要保持和监控。通过各项措施保证环境的温湿度在控制的范围内，并对环境温湿度进行监控和做好监控的记录。若超过允许范围，应及时采取措施，比如：开空调调节温度，开除湿机控制湿度。一般来说，夏季的适宜温度应是 $18\sim28\,\text{℃}$，冬季为 $16\sim20\,\text{℃}$；湿度最好在 40%（冬季）$\sim70\%$（夏季）之间。除了特殊实验室外，温湿度对大多数理化实验影响不大。根据需要对天平室和仪器分析室进行温湿度控制是化学实验室设计应该具备的要求。经常保持实验室的清洁是非常重要的。室外大气中的尘埃，在通风换气过程中会进入实验室。实验内含尘量过高，空气不干净，不但影响检测结果，而且当灰尘微粒掉落在仪器设备的元件表面上时，还可能构成故障，甚至造成短路或其他潜在危险。

设施要求，主要考虑的因素有供排水、供电和消防。供排水，实验室都应有供排水装置。排水装置最好用聚氯乙烯管，接口用焊枪焊接。排污，实验室的有害废水必须净化处理后才能排放。现代化的实验室都应建设配套的污水处理站。一般实验室的废水无须处理就可排入污水处理站进行处理，对高浓度的酸碱废水应先中和再排入污水处理站，对此类废水的排放建议采用耐酸碱的排水管道，从实验室直接排放到处理站。对大量使用有机溶剂的实验室，应安装耐有机溶剂的排水管道，例如可采用铸铁管接入污水处理站。也就是说，实验室应根据不同功能，采用不同材料的排水管道，分别设计，相互之间不交叉，分别排放到污水处理站。实验室的供水有自来水和实验用纯水。除了自来水，建议安装纯水处理装置，保障实验室用水，并且在相关实验室纯水终端加装超纯水处理装置，满足精密仪器使用要求。供电，电力是实验室的重要动力。为保障实验室的正常工作，电源的质量、安全可靠性及持续性必须得到保证。一般日常用电和实验用电必须分开；对一些精密、贵重仪器设备，要求提供稳压、恒流、稳频、抗干扰的电源；必要时须建立不中断供电系统，还要配备专用电源，如不间断电源（UPS）等。由于化学实验室满足物质起火的三个条件，即实验室本身有可燃物、氧的供给和燃烧的起始温度，因此化学实验室的消防尤为重要。在化学实验室设计时要考虑消防通道的设计、消防设施的布局以及适宜的灭火器的配置和摆放。

1.6　化学实验室设计流程

化学实验室的新建、改建或者扩建，其项目设计都是一个非常复杂的过程。该过程需要设计师、项目工程师与使用方共同完成。其设计过程分为概念设计、大纲设计和细节设计三个阶段。

概念设计，是指分析用户从需求到生成概念产品的一系列有序的、可组织的、有目标的设计活动。它表现为一个由粗到精、由模糊到清晰、由抽象到具体的不断进化的过程。概念设计即是利用设计概念并以其为主线贯穿全部设计过程的设计方法。概念设计是完整而全面的设计过程，它通过设计概念将设计者繁复的感性和瞬间思维上升到统一的理性思维从而完成整个设计。在概念设计阶段，设计者应当决定工程的总体目标和方向，通常涉及以下一些问题：（1）实验室建筑的总体目标；（2）建筑外观要体现的风格与文化；（3）建筑物的结构与面积；（4）办公区与实验区的位置；（5）建筑涉及的系统工程；（6）估算工程的预算。

大纲设计，是指著作、讲稿、计划等经过系统排列的内容要点设计活动，它具有一定的顺序性、逻辑性。化学实验室按其内容、布局、功能和要求进行设计。其设计的主要内容有实验室工作人员数量、实验室的工作流程、实验室的功能与数量、实验室模块的尺寸、实验室的空间标准、实验室的环境要求、楼层的平面布局及与实验室模块相协调的建筑布局。在设计过程中，设计者与使用者进行沟通并达成共识。

细节设计，就是细小的情节设计，是指在设计过程中，对实验室建筑的所有规划、实验室办公家具与配件、实验室仪器设备、实验室系统工程、全套设计施工图纸和造价报告书中的细节引起关注。

化学实验室设计流程分为三部分：

第一部分，平面设计。甲方（使用方）先拿出最根本的功能要求、分布方案，设计单位给出初步设计方案。传统实验室建筑设计按国家建筑标准，仅是以外型和室内结构为主，并非以实验室功能为主，建筑设计与功能设计脱节。

第二部分，单项设计。根据功能室特性及相关仪器设备的使用环境要求，进行设备单台功能设计、单台结构设计，应逐项、逐件、逐层设计，从整栋大楼、分层、分房间、分单件设计确定，全面细分确认。

第三部分，统筹设计。全部确认后，进入招标程序。然后中标方与甲方配合，完成装修、通排风和净化工程，待全部完工后集中统一验收。

第2章　化学实验室设计

在当今社会，"以人为本，人与环境和谐"已成为人们高度关注的话题，因此化学实验室设计也不例外。在设计时除了要考虑其需求因素，也就是功能性要求外，还要考虑其人性需求。化学实验室的功能就是该场所是用来从事生产、科研和学习活动的，它的一切活动都是围绕着人来完成的，因此化学实验室的设计原则应该从安全性、舒适性、环保性、效率性和效益性等几个与人有关的因素来考虑。

安全性是指实验室的选择应合理，如选择灰尘较少及振动小的地方；房屋结构设计应该考虑防震、防尘、隔热及光线充足，各个室的布局原则是限制样品的流动区域，缩短样品的流动行程，减少物流与人流的交叉。舒适性是指运用人体工程学原理，专业设计实验室家具及辅助设备，提高人员的舒适度。环保性是指通过通风系统、三废处理及其回收的合理设计和配置来净化化学实验室的空气环境，减少对外界环境的污染。效率性是指设备及功能区分布力求符合化学实验流程，尽量减少人的流动行程，提高整个运作效率。效益性是指家具布置及房间分隔要充分利用空间，适当预留未来发展空间，提高基础设施利用率。

2.1　化学实验室设计要求

目前，在实验室设计规范与标准中，与实验室相关的设计要求的国家规范与标准主要有：

JGJ 91—1993《科学实验建筑设计规范》

CJJ 127—2009《建筑排水金属管道工程技术规程》

GB 50189—2015《公共建筑节能设计标准》

QX/T 331—2016《智能建筑防雷设计规范》

GB 50346—2011《生物安全实验室建筑技术规范》

GB 50019—2011《工业建筑供暖通风与空气调节设计规范》

GB 50073—2013《洁净厂房设计规范》

GB 19489—2008《实验室　生物安全通用要求》

GB 14925—2010《实验动物　环境及设施》

GB/T 19495.2—2004《转基因产品检测　实验室技术要求》

GB 18871—2002《电离辐射防护与辐射源安全基本标准》

GB 8978—1996《污水综合排放标准》

GB 16297—1996《大气污染物综合排放标准》

JGJ 16—2008《民用建筑电气设计规范》

GB/T 50314—2015《智能建筑设计标准》

GB 50243—2016《通风与空调工程施工质量验收规范》

化学实验室的整体布局设计，在满足实验室工作流程及日常管理等方面需求的基础上，应综合考虑统筹安排。设计人员从实验室建筑的整体布局上，从化学实验室的分析工艺流程、特殊实验室和功能间的位置选择、建筑物内上层和下层的具体环境、建筑结构等因素进行合理安排。在充分了解各项实验工艺流程基础上，根据建筑结构特点等方面的资料和信息，在合理位置上设置特殊功能间。在实验室室内布局上，优化实验工作流程、调整功能布局、减少实验室内的人流与物流的交叉，做到环境安全、人身健康、色彩搭配和谐美观、仪器设备合理摆放，满足仪器配套条件（水、电、气体管路、通风等）的设计。化学实验室平面设计见图 2-1。

实验室设计的目的是要建立高效率、功能完善和考虑周全的实验室。在实验室设计时，应充分考虑影响实验室效率和安全的因素，如空间、工作台、储藏柜、通风设施、照明等。其规划设计主要分为 6 个方面：平面设计系统、单台结构功能设计系统、供排水设计系统、电控系统、特殊气体配送系统、有害气体输出系统。根据化验任务需要，化验室有贵重精密仪器和各种化学药品，其中包括易燃及腐蚀性药品。另外，在操作过程中常产生有害的气体或蒸气。因此，对化验室的房屋结构、环境、室内设施等有其特殊的要求，在筹建新化验室或改建原有化验室时都应考虑。化学实验室要求远离灰尘、烟雾、噪声和振动源的环境中，因此化验室不应建在交通要道、锅炉房、机房及生产车间近旁（车间化验室除外）。为保持良好的气象条件，一般应为南北方向。化学实验用房可分为化学分析室、仪器分析室和辅助室。

在化学实验室装修设计上，整体设计外形以淡雅、清新色调为主。该色调无视角疲劳，同时又将简约、时尚和高档融为一体。在设计时，除了要保证现代实验室的功能要求外，还必须能够极大地满足人体工程学的规范。在实验室功能隔断时，尽可能选择可减轻建筑楼板的承重，并且具有防火功能的轻质隔墙材料在实验室内进行隔断，同时考虑实验室功能不同采用合适的轻质材料进行隔断，比如化学分析就要选择耐腐蚀的隔断材料。所用轻质隔墙材料必须符合 JG/T 169—2016《建筑隔墙用轻质条板通用技术要求》的规定。在实验室装修材料选择上，所用的装修材料必须符合 GB 50325—2010《民用建筑工程室内环境污染控制规范》的相关规定。上述所有材料必须不含对人体有害的物质，是无放射性 A 类产品，符合装修材料燃烧性能等级。即吊顶材料必须满足 A 级防火要求，地面材料必须满足 B1 级防水要求，墙面材料必须满足 B1 级防火要求，有贵重仪器设备的实验室隔墙应采用耐火极限不低于 1h 的非燃烧体材料。可燃气瓶室的隔墙、门均应采用防爆材料和开设泄爆窗口。

化学实验室的屋顶天花板可采用不集尘、不易脱落和不易腐蚀的龙骨支架铝扣板天花。如果仪器需要静音，可选用消声天花，其防火等级达到 A 级，具有易清洁、耐腐蚀、不起尘和光滑防水等作用。灯光照明采用内嵌式防尘灯盘 30W×3，工作区照度大于250lx，走道照度大于200lx。墙体设计可采用半墙半玻璃、彩钢板墙体、轻钢龙骨硅酸钙板墙体、落地式全玻璃或砖墙。地面可采用 PVC 地板胶（耐磨、抗污、防酸碱、防静电、不产尘、不变色）、环氧树脂自流平地面（防酸碱、抗碾压、不产尘）和抛光砖地板（耐磨、防酸碱、易清洁）等，对于洗涤室、高温加热室、气瓶室、含汞实验的实验室、恒温恒湿实验室、洁净实验室和大型仪器室等不同种类实验室，需要采用不同的地面处理方式。挂墙板可选择具有防腐蚀、防潮、耐强酸碱、耐高温及耐抗击等性能的特殊材料，比如千思板、实芯理化板、抗倍特板和环氧树脂板等。

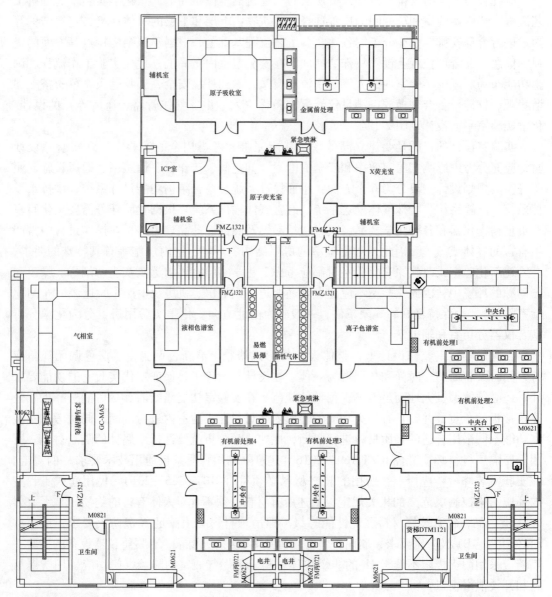

1. 实验区通道宽敞。
2. 有机实验与无机实验区分开，保证排风系统不混搭。
3. 气瓶间隔墙稳固，位置设置适中，便于给各个实验室供气。
4. 需用水位置布置多个水槽。有水槽房间，均需布置地漏。
5. 仪器室台后预留检修通道，布置气路、电路等。

图 2-1　化学实验室平面设计图

在化学实验室设计时，还要考虑背景噪声的影响。背景噪声也称为本底噪声，是指在发生、检查、测量、记录系统中与有用信号无关的一切干扰，比如在做实验时，通风系统引起的噪声或者是室外传来的噪声。化学实验室的各个房间的背景噪声按照 OSHA 标准（职业安全与健康标准），车间实验室 70dB，中心实验室 60dB，其余应该满足表 2-1 中的要求。

表 2-1 化学实验室相关房间背景噪声控制

房间	背景噪声值/dB
个人办公室	30~40
多人办公室	35~45
会议室	30~35
教室	30~40
实验室	35~50

总之，化学实验室工程总体布局应符合图纸设计要求，合理有序。实验室柜体材质及规格要符合设计要求，数量与工程规划书清单一致，并有有效的检测合格证或检测报告。柜体安装正确、牢固、严密，其偏差应在设计标准控制范围内，各组件间连接紧密，无内容物外露，在安装过程中不能损坏原有结构。实验台（中央台和边台）台面平整、色泽均匀、边缘平整光滑。柜体牢固，柜体板涂层色泽均匀、封边严密。柜门开合自如，无异常声响。层板平整无毛刺，高低调节扣灵活有效。背板封边严密无变形。踢脚板负重无变形。调整脚灵活，不易变形。实验台滑轨灵活有效，无烤漆脱落现象。铰链、把手光亮，耐锈蚀。电器线路改装合理有序、安全。电源插座安全有效，安装位置合理，不妨碍实验操作。试剂架各连接部位紧密无缝隙，层板平整，物品不易滑落，负重不变形。水槽耐酸碱腐蚀，与实验台面接合紧密无缝隙。存水湾排水通畅，不易阻塞。水龙头阀门灵活有效，无渗水现象。出水口无水流四溅现象。柜门开合自如，易于修理排水管路。吊柜安装牢固、使用方便。柜门开合自如，玻璃不易掉落。背板与柜体连接紧密。层板高低调节扣灵活有效。天平台稳固、防振，台面水平无凹陷，边缘光滑平整。天平放置区可独立调节水平，操作自如。

2.2 化学分析室设计

化学分析室，主要进行样品前处理、滴定分析等工作，在设计上应创造一个安全、舒适、美化的实验室工作环境。办公区域与实验区域分开，即形成非受控区域和受控区域。所需房间面积至少在 $60m^2$ 左右。房间内要求宽敞明亮，以便于放置多个实验台和相关设备，方便多人同时工作；同时要求通风条件好，便于气体交换。实验室地面应便于清洁，并应进行防滑处理。一般配备的设施有实验台、洗涤台、排风柜、管道检修井、带试剂架的实验台及辅助工作台。在实验室内，需考虑设置电脑台、药品柜、器皿柜、喷淋系统和急救器等。其功能区主要包括样品前处理区、化学分析区、洗涤区和试剂存放区，见图 2-2。

化学分析室内的隔断材料应该选择防火轻质材料。在进行隔断设计时，要注意办公区

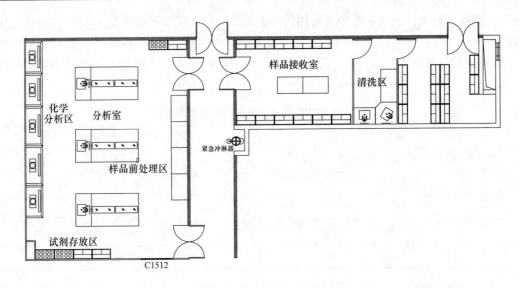

图 2-2　化学分析室平面设计图

和实验区要分开，不同种类的样品处理室应分开，样品处理室与仪器分析室分开，有机试剂区与无机试剂房要分开，在供电上仪器用电与其他用电要分开。

　　化学分析室的实验台设计应该注意到实验台应置于可使光线从侧面照射的位置。实验台面应该选用耐各种腐蚀、无静电及硬度适中的高分子材料，如千思板、实芯理化板、环氧树脂或陶瓷台面等。天平室的台面可采用防振动的大理石材料。化学分析室的地面要具有防滑、耐腐蚀和易清洁的功能。墙面可以用白色乳胶漆喷涂。窗户要具有防尘功能及室内采光要好。实验室出口要足够大（宽度在 1m 左右），门应向外开。较大的实验室应设两个出口，以利于发生意外时人员的及时撤离。

　　化学分析区的主要设施为实验台，它主要由台面、台下的支架和器皿柜组成；为了方便操作，台上可设置试剂架，台的两端可安装水槽。实验台面一般宽 750mm，根据房间尺寸，长度可为 1500～3000mm，高可为 800～850mm。台面可采用实芯理化板、耐腐蚀人造石或水磨石预制板等制成。台面应具有平整、不易碎裂、耐热、不易碰碎玻璃器皿、耐酸碱及溶剂腐蚀等功能。实验台可设有中央台和边台，在旁边可放置试剂柜、器皿柜、样品柜等实验台柜。实验柜体应选用耐酸碱、耐有机溶剂材料制作。室内应设有耐酸碱洗手池，可以设洗涤区，实验室洗涤与生活洗涤分区。样品处理区域，由于经常使用到大量酸碱和有机溶剂，在实验过程中，为了预防试剂飞溅到人的眼睛或皮肤上造成伤害，室内必须安装有相应的冲淋装备，以便进行及时冲洗，如单眼洗眼器、双眼洗眼器和全身淋浴器等。

　　在化学分析过程中，常常会产生有毒或易燃的气体，因此化学分析室要有良好的通风条件进行通风排毒。用于样品处理区和化学分析区的通风排毒装置主要有排风柜和排气罩。在排风柜内可根据需要设置水龙头和电源插座等设备。排气罩应设置到操作台面上，作局部排气。排气点较多时，一般采用集中控制，加装变频器，在不用时可单独关闭抽风口，可减少噪声，降低风机频率达到节电目的。通风设施主要有全室通风、局部通风和排风柜。全室通风是指采用排气扇或通风竖井，换气次数一般为 5 次/h。局部通风，一般安装在发生有害气体部位的上方，以减少室内空气的污染；但是对于汞蒸气的排放，由于汞蒸气的密度远远大于空气密度，其换气装置应该安装在气体部位的下方。排风柜是实验室常用的一种局部排风设备。

排风柜的控制模式有单独控制和集中式控制。单独控制即每台风机控制一台排风柜。优点是在这种排风系统中，单股气流不会和其他气流产生相互干扰，风机关闭也只影响到一个排风柜，但费用较高以及维护困难，管道占据空间太多，只适用于排风柜不多的小型实验室。集中式控制即一台风机控制多台排风柜，可以按房间进行集中控制，也可以对常使用的排风柜进行集中控制，适用于较大型的实验室。如果风机加装变频装置，不使用某排风点时，在控制面板上将其控制按钮关上，这样可以减少能耗。对于不能开窗的房间要采用补风装置，一般通过风机补进的新鲜空气要占排走的90%，其余的10%通过门缝补充，使房间形成微负压环境，防止室内的有毒物质溢出室外。

化学分析室内的供水要保证足够的水压、水质和水量，以满足仪器设备正常运行的需要。室内总阀门应设在易操作的显著位置，下水道应采用耐酸碱腐蚀的材料，地面应设置地漏。化验室的电源分照明用电和设备用电。照明最好采用节能荧光灯。设备用电中，24h运行的电器如冰箱需要单独供电，其余电器设备均由总开关控制。烘箱、高温炉等电热设备应有专用插座、开关及熔断器。在室内及走廊上安装应急灯，以备夜间突然停电时使用。排风柜内有加热源、水源及照明等装置，可采用防火防爆的金属材料制作，内衬防腐材料，通风管道要能耐腐蚀性气体的腐蚀。风机可安装在顶层机房内，并应有减少振动和噪声的装置，应高于屋顶2m以上。一台排风机连接一个通风柜较好，不同房间共用一个风机和通风管道时，易发生交叉污染。排风柜在室内的位置应该放在空气流动较小的地方，或采用较好的狭缝式排风柜。排风柜台面高度800mm，宽850mm，柜高2350mm。操作口高度850mm，柜长1200～1500～1800mm。条缝处风速0.3～0.5m/s，视窗开启高度为300～500mm。挡板后风道宽度等于缝宽2倍以上。

化学实验室要求适宜的温度和湿度。室内的气温、湿度和气流速度等因素，对在实验室工作的人员和仪器设备都有一定的影响。室内应有良好的通风条件，必要时应设空调机组。通风设备有排风柜、通风罩或局部通风装置。另外，大多数实验室要求具有耐火功能，实验室内的电线、照明、插座等都要按防爆设计。

2.3　仪器分析室设计

仪器分析室内主要放置各种大型精密分析仪器，同时也包括普通小型分析仪等。房间的主要设施为仪器台、电脑台、气瓶柜和消防器具。有时候根据需要还需要安装通风系统。房间要求具有防火、防振、防电磁干扰、防噪声、防潮、防腐蚀、防尘和防有害气体侵入的功能。室温尽可能保持恒定，为保持一般仪器良好的使用性能，温度应在15～30℃，有条件的最好控制在18～25℃。相对湿度控制在60%～70%。需要恒温的仪器室可装双层门窗及空调装置。其房间面积应该在20～30m² 之间比较合适，其平面设计见图2-3。

仪器分析室的地板可用水磨石地板或防静电地板，不推荐使用地毯，因为地毯易积聚灰尘，还会产生静电。大型精密仪器室的供电电压应稳定，一般允许电压波动范围为±10%，必要时配备稳压电源或UPS。为保证供电不间断，可采用双电源供电。电路系统

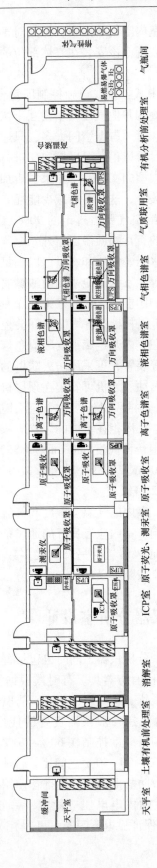

图 2-3　仪器分析室平面设计图

应设计有专用地线，接地电阻小于 4Ω。在设计专用仪器分析室的同时，就近配套设计相应的化学处理室。

仪器分析实验室的布局应远离振动源布置，可布置在建筑物的底层，在具体设计时应满足该仪器产品说明书提出的要求。仪器分析实验室可与基本实验室一样沿外墙布置，或将它们集中在某一区域内，这样有利于与各个研究室和基本实验室相联系，并可统一考虑诸如空调、防护等方面的措施。在集中安置时要注意：不同类型的可能互相干扰的仪器不能放在一起，比如同种类不产生干扰的仪器可设计放置在一起，容易产生灰尘的仪器（碳硫仪）需要单独隔离放置，需要供气的仪器也可以尽量集中在一起，采用集中供气方式。

仪器台一般要求宽度约 1m，高度 0.8m，长度按仪器长短而定。仪器台离墙要留出 0.5~1.0m 的通道，有时也可根据需要设置有电源插座、网络接口和气体出口等。台面应选用耐酸碱、耐有机溶剂和承重的材料，如千思板、环氧树脂台面。仪器室的排风系统可根据仪器需求安装排毒罩、固定排气罩或万向排气罩。需要安装排风系统的仪器有原子吸收光谱仪、电感耦合等离子体光谱仪、电感耦合等离子体质谱仪、原子荧光光谱仪和气相色谱仪等。设置万向罩主要用于排走液相色谱流动相挥发性气体、废气和灰尘。排气罩的控制可参照样品处理室的设计，并加装变频器进行节能。同时要采用补风装置，补进的新鲜空气经过过滤后进入室内，以保证仪器房的洁净度。

仪器分析实验室的室内要求一般都比化学实验室为高。仪器分析实验室都有环境要求，如恒温、恒湿、空气净化、气流和排风等问题。在气候较潮湿地区要求防潮，可选用小型去湿器、窗式空调器或小型独立柜式空调器除湿。对于防振要求较高的仪器设备，除了要注意实验室的选址外，还需要设置独立的设备防振基础和隔振措施。仪器分析实验室一般要求兼有交流和直流电源，电源插座配置单相和三相两种，并常有稳压要求。有防电磁干扰要求的仪器，需要接地和电磁屏蔽等。

气相色谱分析室，主要用于对容易转化为气态而不分解的液态有机化合物及气态样品的分析。仪器设备主要有气相色谱仪，具有计算机控制系统及数据处理系统，自动化程度很高，对有机化合物具有高效的分离能力，所用载气主要有 H_2、N_2、Ar、He、CO_2 等。但对高沸点化合物，难挥发的及热不稳定的化合物、离子化合物、高聚物的分离却无能为力。在设计上，首先室内要有良好的通风，并要求局部排风；其次要考虑房间的朝向，避免阳光直射在仪器上；最后要注意避免影响电路系统正常工作的电场及磁场存在。仪器放置的实验台与墙距离 500mm 左右，以便仪器维修。电脑台在仪器台旁边配置，万向排气罩应该安装在仪器上方的合适位置。气相色谱室需要用多种气体，可在方向朝北面就近设计气瓶室。

液相色谱分析室，主要是对复杂的有机化合物进行分离制取纯净化合物，在高压流动相的作用下进行分析。仪器设备主要有高效液相色谱仪，适宜于高沸点化合物、难挥发化合物、热不稳定化合物、离子化合物和高聚物的定性及定量分析，并弥补了气相色谱仪的不足。其环境和实验室基础装备设计要求与气相色谱室相近，在设计时可参照之。

质谱分析室，主要是对纯有机物的定性分析，实现对有机化合物的相对分子质量、化学式、分子结构等进行测定。分析样品可以是气体、液体或固体。主要设备有质谱仪、气-质联用仪。质谱仪是利用电磁学的原理，使物质的离子按照其特征的质荷比（即质量

m 与电荷 e 之比：m/e）来进行分离并进行分析的仪器。其缺点是对复杂有机混合物的分离无能为力。气相色谱分离效率高，定量分析简便；而质谱仪灵敏度高，定性分析能力强。两种仪器联用为气-质联用仪，可以取长补短，提高分析质量和效率。质谱仪可能有汞蒸气逸出，要考虑局部排风。

光谱分析室，是根据物质的光谱来鉴别物质及确定它的化学组成、含量及分析结构的工作场所。根据分析原理，光谱分析可分为发射光谱分析与吸收光谱分析两种；根据被测成分的形态，可分为原子光谱分析与分子光谱分析。光谱分析的被测成分是原子的称为原子光谱；被测成分是分子的则称为分子光谱。主要的光谱仪器有光电直读光谱仪、原子吸收光谱仪、紫外及可见分光光度计、原子荧光光谱仪、X 射线荧光光谱仪、红外光谱仪、电感耦合等离子体（ICP）光谱仪和拉曼光谱仪等。

2.4　辅助室设计

在化学实验室中，辅助实验室主要有天平室、高温加热室、纯水室、气瓶室、溶液配制室和贮藏室。其房间面积应该在 $15\sim20\mathrm{m}^2$ 之间比较合适。

天平室，主要是放置分析天平的场所。高准确度分析天平对环境有一定要求，主要是气流和风速。天平室应靠近化学实验室，以方便使用，但不宜与高温加热室和有较强电磁干扰的房间相邻。高准确度分析天平宜设在底楼。天平室内不得设置洗涤台，也不宜使管道穿过室内，以免管道渗漏影响天平的维护和使用。高温加热室是放置高温炉和恒温箱的处所。其设备一般放置在高温工作台上，但特大型的恒温箱须落地安置为宜，高温炉与恒温箱须分开放置。纯水室是制备实验用水的场所。室内设施主要有边台和洗涤台。现代实验室多使用超纯水、去离子水，出水量大且要保证水质。地面需设置地漏。

气瓶室，是放置各种高压气瓶的场所。房间必须用阻燃或难燃材料装饰。墙壁为防爆墙，轻质顶盖，门朝外开。气瓶室要避免阳光直接照射，并有良好的通风条件；空瓶与实瓶应该分区放置，并附有空瓶的标志。易燃易爆气瓶必须与助燃气瓶隔离。高纯气瓶应专瓶专用，不能随意改装或盛放其他种类的气体。在储存或使用时，气瓶必须直立放置。工作地点不固定且移动频繁时，应固定在专用手推车上，防止倾倒，严禁卧放使用。气瓶室严禁靠近火源、热源、有腐蚀性的环境。气瓶室不许使用防爆开关和灯具，其周围禁止动用明火，气瓶与明火热源的距离应控制在 10m 以上。室内设有通风设备，保持室温。瓶阀、接头螺丝和减压阀等附件完好齐全，无漏气、滑丝、表针松动等情况发生。各类气压表禁止混用。气瓶室顶部应该留有泄流孔，以防止气体的聚集。另外气瓶还应该用直立稳固的铁架来固定。为了保证高纯气体的纯度，气瓶中气体不可用尽，必须保持一定余压。气瓶必须定期检验，不得超年限使用。实验室用气除不燃气体（氮气、二氧化碳）、惰性气体（氩气、氦气等）外，还有剧毒、氧化分解、爆炸等危险性气体，例如易燃气体氢气、一氧化碳；剧毒气体为氟气、氯气；助燃气体为氧气等。在设计化学实验室时，要注意这些气体不得进入实验室。可以通过集中供气方式输送到各实验室内。

溶液配制室，是用于配制各种标准溶液和不同浓度溶液的场所。在条件允许的情况下，可设计成两个房间。一间设有天平台；另一间作配制试剂和存放试剂之用。一般应配置有排风柜、实验台和试剂柜。样品处理室尽量设在走廊的一边，并处于下风向。在溶液的管理方面，配制的溶液都应根据试剂的性质及用量盛装于有塞的试剂瓶中。见光易分解的试剂装入棕色瓶中。需滴加的试剂及指示剂装入滴瓶中，整齐排列于试剂架上。排列的方法可以按各分析项目所需试剂配套排列。指示剂可排列在小阶梯式的试剂架上。试剂瓶的标签大小应与瓶子大小相称，书写要工整，标签应贴在试剂瓶的中上部，上面刷一薄层蜡，以防腐蚀脱落。应经常擦拭试剂瓶以保持清洁。过期失效的试剂应及时销毁。

药品储藏室，是存放各种实验用化学试剂的场所。房间内很多化学试剂属于易燃、易爆、有毒或腐蚀性物品。在设计贮藏室时，应是朝北朝向的房间，避免阳光直射、室温过高而导致试剂见光分解、变质。顶棚应遮阳隔热，门窗应为坚固的高窗，应设遮阳板。门应朝外开。另外，房间还要具有防明火、防潮湿、防高温、防日光直射、防雷电的功能。易燃液体储藏室室温一般不允许超过 28℃，爆炸品不允许超过 30℃。少量危险品可用铁柜或水泥柜分类隔离贮存。室内设排气降温风扇，采用防爆型照明灯具，备有消防器材。

储藏室仅用于存放少量近期要用的化学药品，且要符合危险品存放安全要求，其管理应该按国家公安部门的规定管理。化验室需要用到各种化学试剂，除供日常使用外，还需要贮存一定量的化学药品，但是不要购置过多。大部分化学药品都具有一定的毒性，有的是易燃易爆危险品，因此必须了解一般化学药品的性质及保管方法。较大量的化学药品应放在贮藏室中，由专人保管。在存放时要归类放置。一般试剂的存放可分类如下：

（1）无机物盐类及氧化物，按周期表分类存放，比如：

盐类：钠盐、钾盐、铵盐、镁盐、钙盐等；

碱类：氢氧化钠、氢氧化钾、氨水等；

酸类：硫酸、盐酸、硝酸等。

（2）有机物，按功能团分类存放，比如：烃类、醇类、酚类、醛类、酮类、羧酸类、胺类等。

（3）指示剂，按性质分类，比如：酸碱指示剂、氧化还原指示剂、配位滴定指示剂、荧光指示剂、染料等。

2.5 化学实验室平面设计

在做化学实验室平面设计的时候，首先要考虑的因素就是安全。化学实验室在实验过程中易产生有毒、易燃及易爆气体，是最易发生爆炸、火灾、毒气泄漏等的场所，应尽量保持化学实验室的通风，并设置有逃生通道。该安全通道应具有疏散、撤离、逃生、顺畅和无阻的功能。一般化学实验室门应该向里开，但是对于有爆炸危险的房间，房门应朝外开，房门材质可选择压力玻璃。化学实验室立体效果见图 2-4。

化学实验室的平面设计，可根据国际人体工程学（前后左右工作空间）的标准进行设计，实验人员的操作空间范围与设备的协调搭配要体现科学化、人性化的规划设计。实验台与实验台通道划分标准见表 2-2、图 2-5 和图 2-6。

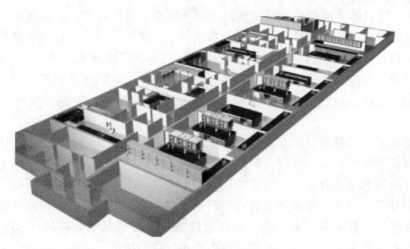

图 2-4　化学实验室立体效果图

表 2-2　实验台通道间隔设计标准

通道间隔 L	设　计　标　准
>500mm 时	一边可站人操作
>800mm 时	一边可坐人操作
>1200mm 时	一边可坐人，一边可站人，中间不可过人
>1500mm 时	两边可坐人，中间可过人
>1800mm 时	两边可坐人，中间可过人可过仪器

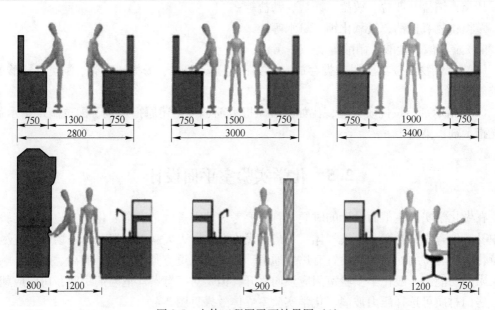

图 2-5　人体工程图平面效果图（1）

　　天平台、仪器台不宜离墙太近，离墙 400mm 为宜。为了在工作发生危险时易于疏散，实验台间的过道应全部通向走廊。另外，实验室建筑层高宜为 3.7~4.0m，净高宜为 2.7~

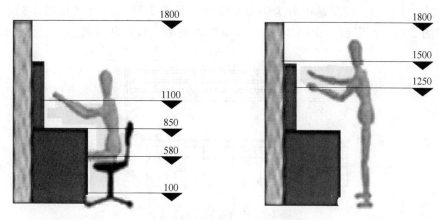

图 2-6 人体工程图平面效果图（2）

2.8m，有洁净度、压力梯度、恒温恒湿等特殊要求的实验室净高宜为 2.5~2.7m（不包括吊顶）；实验室走廊净宽宜为 2.5~3.0m。普通实验室双门宽以 1.1~1.5m 为宜，单门宽以 0.8~0.9m 为宜。

平面设计主要考虑的是化学实验室服务的对象及目的。在高校，化学实验室的主要服务对象是学生。其目的是学生根据实验来获得知识。因此它是一个学生学习的场所，它的划分和其专业学科有关，根据专业学科功能可分为无机化学实验室、有机化学实验室、物理化学实验室、分析化学实验室和生物化学实验室；另外，还可根据实验室内容、用途和规模的不同进行划分，比如基础教学实验室。高校化学实验室多为较简单的教学实验室，对水、电、气、风等要求较低。在科研机构，化学实验室的主要服务对象是科研人员。其目的是通过实验现象研究出新的理论和新的技术。由于该实验具有创新性和前瞻性，因此对实验室通风、供排水、电控及洁净要求较高。工厂实验室主要服务对象是检测人员。其目的是通过实验来判定产品与标准的符合性。因此，它的划分和设置与产品有关。比如一个钢铁企业的化学实验室可分为炉前化验室、原料化验室、成品化验室和水质分析室等。上述化学实验室不管怎样划分，其设计的基本原则都是具有共性的。以化学分析为例，主要由化学实验室、仪器分析实验室、天平室、高温加热室、辅助实验室和标准溶液室等组成。

2.6 实验柜体

在化学实验室中，常见的柜体有实验台、天平台、高温台、水盆台、试剂柜、器皿柜、气瓶柜等。

实验台可根据实验室功能、材料结构和用途进行分类。实验台按实验室的功能可划分为物理实验台、化学实验台和生物实验台。物理实验台主要用于电子、电工、力学性能和金相实验。化学实验台主要用于无机化学、有机化学和分析化学等实验。生物实验台主要用于生物化学和净化无菌等实验。实验台按材料结构可划分为钢木结构、铝木结构、全钢结构和全木结构。它们都是由支架、箱体、台面、试剂架、连接件和辅件组成。其中钢木结构的支架是钢制品，铝木结构的支架是铝制品，全钢结构和全木结构所有单元都是钢制品或木制品。实验台，按用途可分为中央实验台（见图 2-7）、边台（见图 2-8）、洗涤实验台（见图 2-9）、高温台（见图 2-10）、试剂柜（见图 2-11）和排风柜（见图 2-12）。

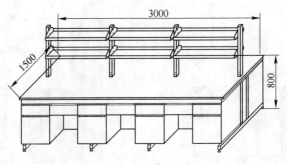

图 2-7　中央实验台示意图

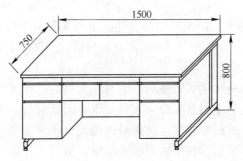

图 2-8　边台示意图

图 2-9　洗涤实验台示意图

　　实验台面可按功能和材料进行分类。台面按实验台的功能作用可分为化学实验台面、物理实验台面和生物实验台面。化学实验台面具有耐强酸、强碱和高温的功能，如实心理化板。物理实验台面具有防静电、耐高温、抗滑和稳定的功能，如防火板。生物实验台面具有防水和防止细菌的功能，如不锈钢板。按照台面材料可分为理化板、环氧树脂板、大理石板和陶瓷板。理化板不能直接接触火焰，对硝酸、铬酸、氢氟酸有轻微疵点，对硫酸有疵点。环氧树脂板可耐高温（380℃），具有优良的抗化学腐蚀性能，可修复及复原。大理石板具有耐高温的功能，一般用于高温台和天平台，由于脆性较大，在运输过程中较容

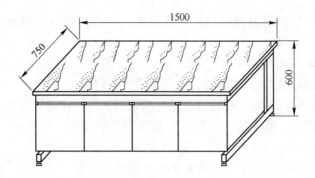

图 2-10　高温台示意图

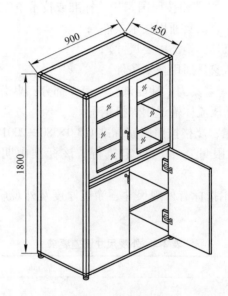

图 2-11　试剂柜示意图

图 2-12　排风柜示意图

易损坏。陶瓷板具有较强的耐高温和抗腐蚀性能，由于其价格比较昂贵，在国内用得比较少。

仪器台部分要求具有较高的承重性、稳定性、抗外干扰及电控性。其承重性大于350kg，主要用于仪器分析室，如光谱、色谱分析实验室等。

实验柜部分具有储存功能，其材料由铝木或全钢制作。在设计时要考虑安全和环保问题。实验柜部分主要由一般性能药品柜、挥发性药品储存柜、气瓶柜、文件柜、更衣柜、标样柜和器皿柜组成。

仪器设备部分主要由排风柜、生物安全柜、超净工作台、剧毒品安全储存柜、解剖台和取材台组成。

实验室柜体生产方面，要严格按照国家相关标准或技术条件执行，如：

GB/T 3325—2008《金属家具通用技术条件》；

GB/T 3327—1997《家具、柜类主要尺寸》；

GB/T 3324—2008《木家具通用技术条件》；

GB/T 10357.1—2013《家具力学性能试验　第 1 部分：桌类强度和耐久性》；

GB/T 3091—2008《低压流体输送用焊接钢管》。

对于柜体的甲醛释放量，严格按照国家标准 GB 18580—2001《室内装饰装修材料　人造板及其制品中甲醛释放限量》中的规定执行。该标准中明确规定甲醛释放量小于0.1mg/L。

实验室家具的常规技术指标有外观尺寸、涂层厚度及外观质量、防腐性和负载性能。其外观尺寸误差要求见表 2-3。

表 2-3   外观尺寸误差要求

项目	范围/mm	误差/mm
长、宽、高	—	≤2
邻边垂直度、台面对角线、框架对角线	1000	≤2
	2000	≤3
地脚平稳性	—	≤1

钢制柜体或钢结构部件，表面处理必须经静电环氧树脂粉末喷涂。其涂层要求涂层厚度不小于 0.5mm，平整光滑，不允许有喷涂层脱落、鼓泡、凹陷、压痕以及表面划伤、麻点、裂痕、崩角和刃口等，并且预留孔或钻孔位置符合规定要求，切割、钻孔和倒角后应去毛刺。金属表面喷涂的预处理可以采用脱脂、水洗、酸洗、水洗中和、磷化等过程或纳米陶瓷前处理技术。然后，用环氧树脂有色粉末静电喷涂其表面。经过喷涂后的涂层厚度不小于 50μm。经过 180℃高温烘箱内固化后，表面光滑。金属表面可抗一定的化学物质，具有附着性能、磨损性能、硬度性能、防潮性能和湿度性能。其详细情况如下：

附着性能：用划刻刀交叉刻画（1.6mm×1.6mm），没有掉落现象；

防腐性能：盐雾实验 200h；

磨损性能：磨损实验 100 次循环，磨损量不超过 5.5mg；

硬度性能：表面硬度相当于甚至好于 4H 铅笔硬度；

防潮性能：在 38℃、饱和湿度情况下，可以抵抗 1000h 的暴露；

湿度性能：热水45°冲淋5min，没有变化，水持续浸湿100h，没有变化。

实验室家具的各种配件安装应严密、平整、端正及牢固，结合处应无崩茬或松动。金属构件，应选用抗冲击性强、柔性好的材质制作，保证长期使用不变形，并做除锈和防腐处理；其焊接部分避免假焊、虚焊、漏焊，保证长期使用不变形和脱落。金属表面经酸洗磷化处理后，静电粉末喷涂，表面平整、手感光滑，无划痕。所有工件几何尺寸规整、一致性好、平直度高、目测无弯曲与扭曲。钢件弯曲处，饱满、圆滑、自然。实验室钢制柜体的负载性能是指应能承受最大负载而不变形或影响使用。在受力较大的部件连接处，有加强设计。紧固件、连接件均使用优质高强度镀锌金属件，不易损坏，可换性强，便于维护。

第3章 化学实验室用水系统

化学实验室用水系统由给水系统和排水系统组成。化学实验室的给水系统可分为实验给水系统、生活给水系统和消防给水系统。实验给水系统分为一般实验用水系统与实验用纯水系统。实验用纯水系统属于独立的给水系统。生活给水系统和消防给水系统与一般建筑的给水系统一致，它们与一般实验给水系统通常可合并成一个系统。化学实验室的排水系统可分为实验用水排水系统和生活用水排水系统两大部分。

3.1 实验用纯水

在化学实验中，水是最基本的要素，它在实验中起着非常重要的作用。而自然界的水是不纯的，含有电解质、有机物质、颗粒物、微生物和溶解气体等杂质。如果直接用于实验，由于杂质的存在以及对实验过程的影响，会对实验分析结果的准确度产生影响。在一般性化学实验中，实验用纯水的杂质元素及化合物的质量分数要求小于 10^{-9}。在痕量元素的测定中，杂质元素及化合物的浓度要求更低。因此，水在实验室内是一个至关重要的要素，所占地位非常重要，这是因为纯水的质量决定着很多实验结果的真实性和可重复性。

纯水在自然界是不存在的。实验用纯水是对天然水进行纯化处理而获得的。就是采用各种方法将杂质分离出去，水中杂质清除得越干净，水质就越纯净。实验用纯水纯化处理的方法有蒸馏法、离子交换树脂法和反渗透法。

在世界上，许多国际组织（ASTM、NCCLS、CAP、USP）也都有自己所颁布的纯水水质标准和指南。在我国，实验用纯水共分为三个级别：一级水、二级水和三级水。其要求见 GB/T 6682—2008《分析实验室用水规格和试验方法》（见表3-1）。一般来说，在实验室用水中，25℃时纯水的电阻率应不小于 $5M\Omega \cdot cm$，超纯水的电阻率应不小于 $18.2M\Omega \cdot cm$。

表 3-1 实验室分析用水规格

名　　称	一级	二级	三级
pH 值范围（25℃）	—	—	5.0~7.0
电导率（25℃）/（mS/m）	≤0.01	≤0.1	≤0.50
可氧化物质含量（以 O 计）/（mg/L）	—	≤0.08	≤0.4
吸光度（254nm，1cm 光程）	≤0.001	≤0.01	—
蒸发残渣含量（105℃±2℃）/（mg/L）	—	≤1.0	≤2.0
可溶性硅含量（以 SiO_2 计）/（mg/L）	≤0.01	≤0.02	—

注：1. 由于在一级水、二级水的纯度下，难于测定其真实的 pH 值，因此对于一级水、二级水的 pH 值不做规定。

2. 由于在一级水的纯度下，难于测定可氧化物质和蒸发残渣，对其限量不做规定，可以用其他条件的制备方法来保证一级水的质量。

　　蒸馏法制取的分析用水又称蒸馏水，它是实验室中最常用的一种纯水。该法设备便宜，操作简单。其原理是根据水与杂质的不同沸点，利用杂质不与水蒸气同时蒸发，从而达到水与杂质分离而获得纯水的目的。蒸馏水可除去自来水内大部分的杂质，但挥发性的杂质无法去除，如二氧化碳、氨、二氧化硅以及一些有机物。新鲜的蒸馏水是无菌的，但储存后细菌易繁殖；此外，储存的容器也很讲究，若是非惰性的容器，所含离子和容器的塑性物质会析出造成二次污染。为了获得比较纯净的蒸馏水，可以进行重蒸馏，并在准备重蒸馏的蒸馏水中加入适当的试剂以抑制某些杂质的挥发，加入甘露醇能抑制硼的挥发，加入碱性高锰酸钾可破坏有机物并防止二氧化碳蒸出。二次蒸馏水一般可达到二级水规格。二次蒸馏通常采用石英亚沸蒸馏器，其特点是在液面上方加热，使液面始终处于亚沸状态，可使水蒸气带出的杂质减至最低。

　　离子交换树脂法制取的分析用水，又称去离子水。离子交换树脂是一种有机单体分子聚合而成的、具有三向立体空间网架结构的多孔海绵状的高分子化合物。离子交换树脂法是利用氢型和氢氧型的离子交换树脂层中可游离交换的离子与水中同性离子间的离子交换作用，将水中各种离子减少到最低程度甚至全部去除以获得纯水。去离子水是应用离子交换树脂去除水中的阴离子和阳离子，但水中仍然存有可溶性的有机物，会污染离子交换柱从而降低其功效。去离子水存放后容易引起细菌的繁殖。

　　反渗透法制取的分析用水，又称反渗透水。其生成的原理是通过外加压力改变水流方向，使水从高渗透压流向低渗透压。水分子在压力的作用下，通过反渗透膜后成为纯水。水中的杂质被反渗透膜截留后排出。反渗透水克服了蒸馏水和去离子水的许多缺点。利用反渗透技术可以有效地去除水中的无机盐、细菌、病毒、毒素、悬浊物和大部分有机物等杂质。反渗透膜去除杂质的能力由膜的性能好坏和进出水比例决定。常用的反渗透膜有醋酸纤维素膜、聚酰胺膜和聚砜膜等。膜的孔径为 $0.0001 \sim 0.001 \mu m$。超纯水在 TOC、细菌、内毒素等指标方面的要求各不相同，这要根据实验的要求来确定。如细胞培养则对细菌和内毒素有要求，而 HPLC 则要求 TOC 要低。

　　一级水用于有严格要求的分析试验，包括对颗粒有要求的试验，如高效液相色谱分析用水。一级水可用二级水经过石英设备蒸馏或离子交换树脂处理后，再经 $0.2 \mu m$ 微孔滤膜过滤来制取。二级水用于无机元素的痕量分析等试验，如原子吸收光谱分析用水。二级水可用多次蒸馏或离子交换等方法制取。三级水用于一般化学分析试验。三级水可用蒸馏法或离子交换法制取。

　　评价实验室分析用水的指标有电阻率、总有机碳和内毒素。电阻率是衡量实验室用水导电性能的指标，单位为 $M\Omega \cdot cm$。随着水内无机离子的减少，电阻加大，电阻率数值逐渐变大。实验室超纯水电阻率为 $18.2 M\Omega \cdot cm$。总有机碳是指水中碳的质量浓度，反映水中氧化的有机化合物的含量，单位为 mg/L 或 $\mu g/L$。内毒素是指革兰氏阴性细菌的脂多糖细胞壁碎片，又称之为"热原"，单位 cuf/mL。

　　在运输过程中，各级分析用水应避免沾污。因此，对于纯水的管道输送问题，也要符合相关的标准要求。GB/T 6682—2008《分析实验室用水规格和试验方法》中规定，各级分析用水必须盛放在密闭的、专用聚乙烯容器中。对于三级水也可以使用密闭的专用玻璃容器。由此，输送分析用水的管道可用聚乙烯材料制作。一般说来，各级水在贮存期间，其沾污的主要来源是容器可溶成分、空气中的二氧化碳和其他杂质。因此，一级水不可贮存，使用前制备。二级水、三级水可适量制备，分别贮存在预先经同级水清洗过的相应容器中。

实验室纯水供应模式，分为中央纯水供应模式和分散纯水供应模式两种。

中央纯水供应模式，即集中供应模式，它是指纯水生产装置生产出的实验室用水，通过分配泵和供水管道输送到化学实验室各个单元用水点，无论是某个单元还是整体，实现从实验室各个单元的纯水龙头直接获取实验室纯水或超纯水。其优点是运行成本低，管理集中，集体使用，不存在机器闲置现象，产量大，用水管网化，同一实验室多点取水。其缺点是系统必须保证长期安全运行，否则存在断水风险。

分散纯水供应模式，是指在实验室各用水点位置设置纯水机。其优点是仪器有单独的使用效能，使用率高。其缺点是运行成本高，管理分散，消耗成本相对较高，桌面定点台式安装，定点取水，机型产量小，流量小，工作效率低。

化学实验室采取哪种模式的供水，这都与化学实验室各单元的用水量有关。根据化学实验室的规模大小，每天纯水的用量有可能从几升到几千升不等。因此，在设计时，首先要确定实验室每个单元的日纯水用量及用水规律，计算出总纯水用量。如果日纯水用量在20L 以下，建议采用分散供应模式。这是因为集中供应模式虽然很方便，但是前期还需要安装相应的管路输送系统，也就是说前期需要一笔投资，因此采用何种模式供纯水和实验室的日纯水总用量有关。

纯水集中供应模式的主要输送方式，是将生产的纯水通过管路分配到每个单元用水点。可采用串联式循环管路，并保证管路中纯水有适当的流速循环，抑制微生物的滋生并避免发热。同时，为了保证管路中纯水的流速和压力，应根据使用点的用水状况和频率，计算管路系统和管路中设备所带来的压力损失，从而选择合适的分配循环泵。在化学实验室总体设计时，各纯水使用单元要尽量集中，设计管线长度尽量不要超过 250m。否则，由于管路过长，末端纯水质量就会很差。一旦发生管路障碍或其他问题，每一个用水单元就会受限于纯水的供给。另外，管路水压损失的增加，使得输水泵压力需要提高，这样就会造成靠近分配水泵的用水点出水压力过高的现象发生。

3.2　给排水系统

化学实验室给排水系统是由给水部分与排水部分组成的。它是在建筑给排水的基础上特殊设计而成的，与建筑工程和建筑给排水是一体化的产物，具有非标准的给排水设计及多种变化的布局。因此，它的设计工作必须由专业人员，根据实验室所配置的实验台所需给排水的要求确定后，融入实验楼整体工程设计的给排水布局。在实际工作中，为了便于管理，目前越来越多的化学实验室采用从市政给水管道直接接入的给水管道，将室外消防给水管道和室外生活给水管道合用设置。

实验室给水系统应保证必需的压力、水质和水量。对于大型的高层实验楼，在室外管网不能满足上层实验室用水要求，或在室外管网水压周期性不足时，尤其是为了保证实验室安全供水，应设置安装加压设备或屋顶水箱和水泵，专供上层实验室使用。对于化学实验室，需设置紧急淋浴器、紧急洗眼器等，水流要足够大，开启放水阀门反应要快。化学实验室给水系统平面设计见图 3-1。

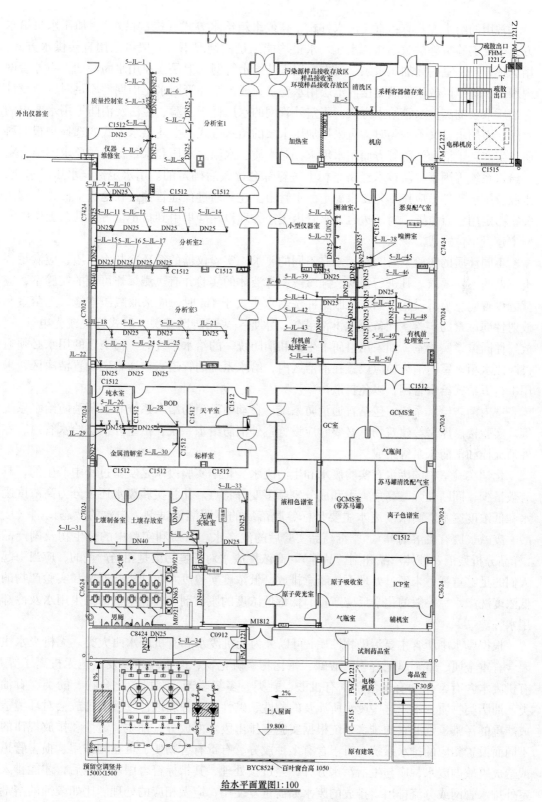

给水平面置图1:100

图 3-1　化学实验室给水系统平面设计图

　　常用的给水方式有：直接供水方式、高位水箱给水方式（二次供水）、加压水泵给水方式。在实验室外层数不高，水压、水量均能满足的情况下，一般可采用直接供水方式。用这种方式，室内无加压水泵，通常连接室外给水管网。但是，在用水高峰期，室外管网内水压下降，以致不能满足楼内上层用水要求，或当室外管网水压周期性不足时，应设计有加压水泵的高位水箱给水方式。当室外管网的水压低于实验、生活及消防等用水要求的水压，而用水量又不均匀时，可采用加压水泵的给水方式。上述供水方式的选择是根据科研、生产、生活和消防等方面用水需求，对水质、水温、水压和水量提出的要求，结合室外给水系统等因素，从技术经济指标上进行综合比较后确定的。用水定额、水压、水质、水温及用水条件，应按工艺要求确定。水管由土建方通过预埋管铺设在地板下面，引到实验室指定用水点位置。对于边台，水管由土建方埋设在墙里引到指定位置。其余工作由实验室建设单位完成。

　　不同性质的实验室对实验用水有不同的要求。实验仪器的循环冷却水水质，应满足各类仪器的不同要求。凡进行强酸、强碱或剧毒液体的实验并有飞溅爆炸可能的实验室，应就近设置应急喷淋设施，当应急眼睛冲洗器水头大于 1m 时，应采取减压措施。无菌室和放射性同位素的实验室配备热水淋浴装置。水龙头采用脚踏开关、肘式开关或光电开关。放射性同位素实验室，如采用科研、生活和消防统一的给水系统时，污染区的用水必须通过断流水箱，室内消火栓应设置在清洁区内，给水系统的管道入口通常应设置洁净区，采用上行下给式给水管网，以免扩散污染。

　　室内消防给水系统，包括普通消防系统、自动喷洒消防给水系统和水幕消防给水系统等。实验楼、库房等建筑物，必要时应设置室外消防给水系统，由室外消防给水管道、室外消火栓和消防水泵等组成。

　　化学实验室中的废水有实验废水和生活废水。化学实验废水是实验过程中产生的，具有数量少、间断性强、高危害大和成分复杂多变等特点。化学实验废水还可分为高浓度废水和低浓度废水。高浓度废水主要是标签脱落后的不明潮解试剂、失效的液态试剂（废酸、废碱、废有机溶剂等）、剧毒药品实验后的洗涤水、科研和实验中的衍生物及副产品（样品分析残液、液体产品和副产品等）。高浓度废水对环境污染是相当严重的，应当引起人们的足够重视，未经过处理不能随意排放。低浓度实验废水包括实验器皿和实验产物的低浓度洗涤水、一般的化学反应产物、低毒低浓度的废试剂、实验室清洁卫生用水及冷却用水等。

　　根据废水中所含主要污染物性质，可以分为无机废水和有机废水两大类。无机废水主要含有重金属、重金属配合物、酸碱、氰化物、硫化物、卤素离子以及其他无机离子等。有机废水含有常用的有机溶剂、有机酸、醚类、多氯联苯、有机磷化合物、酚类、石油类、油脂类物质。由于这些废水所涉及的酸性、碱性及各种腐蚀性废液的排放会对环境造成严重的污染，因此它的排水系统根据实验室排出废水的成分、性质、流量和排放规律的不同而设置相应的排水系统。对于含有多种成分、有毒有害物质、可互相作用、损害管道或造成事故的废水，应与生活污水分开，经过预处理，其指标符合国家标准后，才能排入室外排水管网或分流排出。排放的废水如需重复使用，应做相应的处理。比如较纯的溶剂废液或贵重试剂，可以经过适当处理后回收利用。对于放射性同位素实验室的排水系统，应将长寿命和短寿命的核素废水进行分流。废水流从清洁区至污染区时，其放射性核素排水管道的布置、敷设、管材及附件的选择，应符合 GB 11930—2010《操作非密封源的辐射防护规定》的要求。

生活废水指的是在实验过程中所产生的洗涤水和仪器或设备的冷却水。如果这些废水的成分是由无害悬浮物或胶状物、受污染不严重的废水组成，可不必处理，直接排至室外排水管网。反之，必须按上述要求进行处理后才能排出。

实验室排水系统应该根据相应的排出废水的性质、成分和受污程度来进行设置。有害物质的排放要符合 GB 8978—1996《污水综合排放标准》的规定。因此，对于有害物质要先进行一定的处理才可排出。甚至要设置独立排水的管道进行局部处理，方可排入室外的排水管网。而对于一些含有无害的胶状物体、悬浮物体或设备冷却水，因其受污并不严重，可以直接排放到室外的排水管网。但是，如果这些废水要进行重复使用的话，则要进行相应的处理。

排水管道的设计需要进行合理的布局，管路尽量走直线、转角要少，以防止杂质堵塞。在安排上要相对集中，这样便于出现故障后的维修。为了美观和人身安全，管网排布要尽量沿着走道、柱角、墙壁或天棚等。但要注意，避免穿过精密仪器室等卫生安全需求较高的实验室。主管道应尽量安排在靠近杂质较多、排水量较大的设备的附近位置。废水量不大的小型实验室可采用一个排水系统。但是废水量虽小但是浓度却较高时，则可用专门的容器进行收集，送往废水贮存处或进行相应的处理。实验室排水系统平面设计见图3-2。

3.3 给排水系统设计

化学实验室给排水系统和实验楼的给排水系统是一致的。明确地讲，它是在建筑给排水系统基础上的特殊设计。其设计工作应该与实验楼的设计一起或者提前进行。要是为前期实验室建筑设计服务，必须在装修开始前完成实验台柜方案的确定，并出具供排水定位图。目前，实验室的给水排水设计没有专门的设计规范，可参照现有的 GB 50015—2003《建筑给水排水设计规范》（2009 年版）进行。在进行实验室给水系统设计的时候，水量、水质和水压都要保证足够。除了实验和日常的基本用水以外，还要考虑和配置相应的消防设备的给水。对于高层实验室，若室外的给水管网不能充分满足其高层用水需求或者水压存在周期性不足的时候，为确保高层实验室的安全供水，应该设置屋顶水泵、水箱或者局部加压设备，甚至在进水口进行断流水池的设置。如果实验楼修好以后再进行设计时，就只能在实验楼原有的给排水系统上进行轻微改动。通常化学实验室的排水不同于一般生活污水的排放，它的排水要涉及化学实验中的酸碱性溶液，会对环境造成一定的污染。

在设计化学实验室给水系统时，其系统的用水量、水质和水压都要有足够的保障。除了实验、仪器和日常的基本用水以外，还要考虑和配置相应的消防用水。一般情况下，中小型化学实验室进水系统的设计，设置一根进水管就可以了。对于大型实验楼来讲，其消防栓和实验仪器数量较多，这些设备或设施的用水量需求较大，此时如果仅有一根进水管，其水压和用水量肯定是不能满足要求的。在此，该实验楼的进水系统应该设置两根或

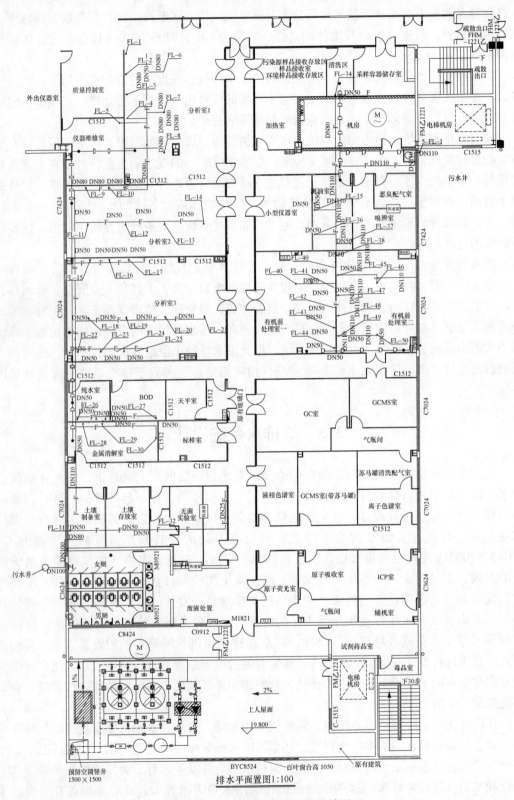

排水平面置图1:100

图 3-2　实验室排水系统平面设计图

者两根以上的进水管。设置单根进水管的化学实验室，其进水管是从建筑物的中部引入，进入实验楼，这样水压就较为平衡。若是两根引入管，通常从实验楼的不同侧引入。如遇特殊情况，只能从同一侧进入，就应该保证进水管之间有较大的间距，距离不能低于10m，同时连接两个进水管的给水管网应该设置阀门，以保障在局部出现故障时仍然能够安全供水。引入管则应从用水量较大的地点引入。另外，实验室内部给水管道要能够布置合理，这样就便于管道的维护。内部的管道线尽可能地短，同时避免交叉，每处用水点需要安装角阀，以使供水更加安全、可靠。普通实验室管道通常是沿着走道、墙壁、天棚或柱角等位置，走明线，方便观察，但是容易产生积尘现象。因此，在安全要求比较高的实验室中通常尽可能进行暗装，将管道敷设在地下室、天棚、管沟或公用管廊内部。值得注意的是，所有的暗设管道都应该在控制阀门的位置设置相应的检修孔，以方便故障维修。实验室给水管线如图3-3所示。

在设计化学实验室的排水系统时，要从实验室废水的性质、排放规律、排水量及室外条件等因素考虑，其管道布局应该合理。其原则是：首先排水管为了避免堵塞，其管道的敷设尽量采用直角；其次为了人生安全和美观，管道安装时应尽量沿墙、柱、管道井、实验台夹腔及排风柜内衬板等部位，但是要避开贵重仪器、遇水分解及易燃易爆的物品。一般情况下，化学实验室采用伸顶通气单立管排水系统。如果有放射性核素的废水，其安装设计应该符合 GB 18871—2002《电离辐射防护与辐射源安全基本标准》的规定要求。

排水管材料应该综合考虑其耐腐蚀性、耐低温性、抗冲击性、阻火性、隔热性和连接密封方式等理化性能指标。性能优异的管材有：高聚物聚丙烯（PP）、高密度聚乙烯（HDPE）和氯化聚氯乙烯（CPVC）。氯化聚氯乙烯（CPVC）管材和其他管材相比，材料较轻，耐酸碱性、耐低温性、抗冲击性、阻火性及隔热性较好。因此，氯化聚氯乙烯（CPVC）做排水管材料最佳。实验室排水管线如图3-4所示。

实验室的给排水系统应设计科学，保证饮水源不受污染。若实验用水与饮用水的水源来自不同地方，则应对饮用水与实验用水的水龙头分别注明，以免混淆。实验楼应设有备用水源，在公共自来水系统供水不足或停止时，备用水源能保证各种仪器的冷却水、洗眼器用水、蒸馏器用水、蒸馏瓶冷凝管用水的正常供给。给排水系统应与实验室模块相符合，合理布置，便于维修，管线应尽量短，避免交叉。给水管道和排水管道应沿墙、柱、管道井、实验台夹腔、排风柜内衬板等部位布置，不得布置在遇水会迅速分解、引起燃烧、爆炸或损坏的物品旁，以及贵重仪器设备的上方。一般实验室的管道可明装敷设，在安全要求较高的实验室中应尽量暗装。所有暗装敷设的管道均应在控制阀门处设置检修孔，以便维修。给排水系统应设计灵活，并预留部分设施以保证实验室的可靠性和持续运行。下行上给式的给水横干管宜敷设在底层走道上方或地下室顶板下；上行下给式的给水横干管宜敷设在顶层管道技术层内或顶层走道上方；不结冻地区可敷设在屋顶上，从给水干管引入实验室的每根支管上，应装设阀门。实验室内部各用水点的位置必须科学定位并提前敷设，尽量把用水点设在靠墙位置，方便下水点的设置及满足未来改造的需要。

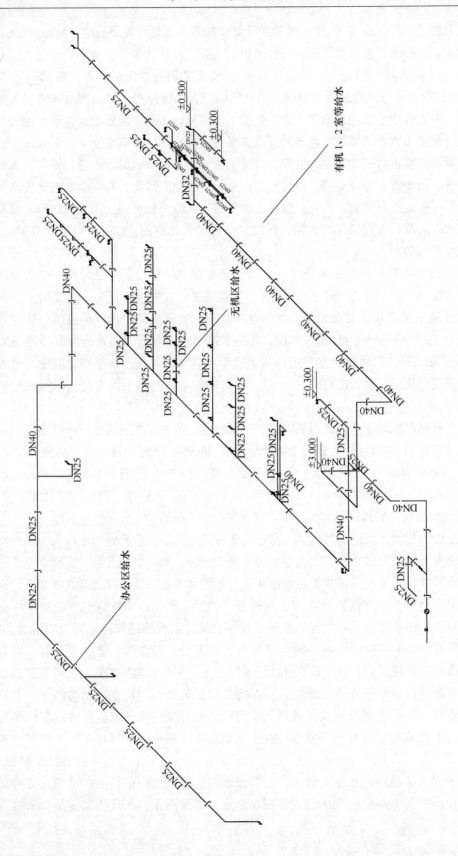

图 3-3 实验室给水管线示意图

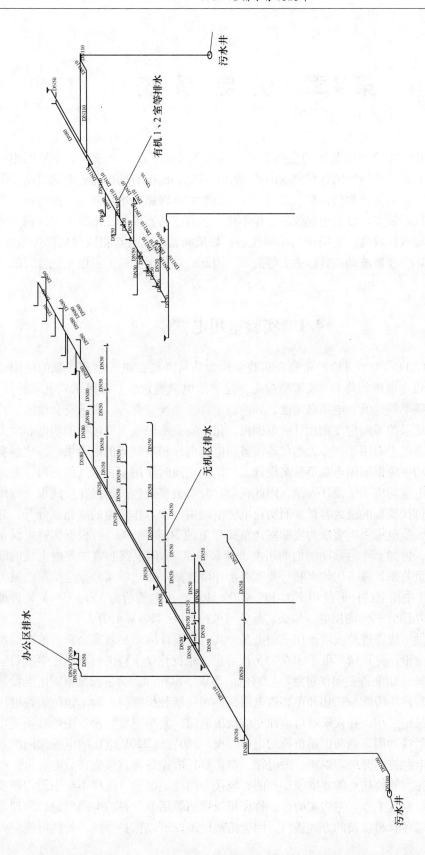

图 3-4 实验室排水管线示意图

第4章 供电系统

供电系统是化学实验室最基本的条件之一。供电系统除了维持化学实验室照明用电外，还要满足现有及未来增加的各种仪器的特殊用电需要。比如有的仪器的电机启动所需要的电流往往是工作电流的数倍，在启动瞬间往往会影响该线路的电压波动。如果该线路上所用的大功率仪器较多，就会引起仪器工作不正常。有些精密仪器，比如 X 射线荧光光谱仪等对电源的要求比较高。它属于大功率仪器，如果频繁启动会产生较强的脉冲电压，导致电器元件损坏、读数波动或数据丢失等故障。因此，对化学实验室供电系统合理的设计是必须的。

4.1　实验室用电

按照 CNAS-CL11：2006《检测和校准实验室能力认可准则在电气检测领域的应用说明》中对实验室供电电源的要求，实验室应配备足够的电源容量，并确保试验电源特性，如电压额定值、频率额定值、电压稳定度、频率稳定度、谐波畸变等，要求符合检测规范要求或保证检测结果的不确定度在预计的范围内。化学实验室用电主要包括照明电和动力电两大部分。动力电主要用于部分大型仪器设备用电、电梯和空调等的电力供应。化学实验室内供电电源功率应根据用电总负荷来设计。在实验室同时使用多种电气设备时，其总用电量和分线用电量均应小于设计容量，因此在设计时要留有余地。连接在接线板上的用电总负荷不能超过接线板的最大容量。照明用电、空调用电和工作用电的线路要分开，并设专用配电系统，配电房供电要求为实验室全负荷用电的 30%~70%（可根据实验室设备同时使用的负荷，再加上今后预期增加的用电负荷来确定）。但电路布置的导电电线的线径必须按每路全负荷来计算。比如水利行业省级水环境监测中心化学实验室全负荷电量为 500kW，根据工作中用电的同时使用率为 30%~70% 计算，用电负荷为 150~350kW，再加上今后发展的需要预留 30% 的用电，那么实际负荷可按 200~450kW 计算。

化学实验室供电线路进户线应使用三相电源。其电量设计应给出较宽余量，输电线路应采用较小的载流量，并预留不低于 30% 的备用容量。根据化学学科的特点，化学实验室及其一些辅助房间（如准备室和仪器室等）对电的要求不尽相同。为了满足不同用电设备的要求，每个实验室均需配备三相和单相供电线路。在仪器分析室中，为了预防线路电压不稳，确保仪器稳定工作，在仪器前可增加交流稳压电源。大功率实验设备用电必须使用专线，严禁与照明线共用，谨防因超负荷用电而着火。380V 与 220V 电压的电线须同时布设时，需设置总电源控制开关。烘箱、恒温箱、空调等耗电设备可直接连在总电源上。电冰箱或其他设备在实验停止后需要继续工作的，应接专用供电电源，这样不至于因切断实验室的总电源而影响其工作。室内实验台、排风柜及烘箱等用电设备的电缆应进行预埋敷设。敷设时最好以穿管暗敷设的方式进行，因为暗敷设不仅可以保护导线，而且可使室内整洁，不易积尘。大型精密仪器对电压的稳定性、安全性要求较高，故应设置专用地线。在化学实验室的四周墙壁、实验台适当位置都应配备足够的电源插座，以保证实验仪器设备的用电需要。但是电器插座请勿转接太多插头，以免引起电器火灾。化学实验室内供电线路应采用护套（管）暗敷或明敷。在使用易燃易爆物品较多的实验室，还要注意供电线路和用电仪器运行中可能引发的危险，并根据实际需要配置必要的附加安全设施（如防爆开关、防爆灯具及其他防爆电器等）。实验室内的用电线路和配电盘、板、箱、柜等装置及线路系统中的各种开关、插座、插头等均应经常保持完好可用状态，熔断装置所用的熔丝必须与线路允许的容量相匹配，严禁用其他导线替代。室内照明器具都要经常保持稳固可用状态。

化学实验室应该按照要求设置检测工作电源，该电源为独立于空调、照明电源的单独回路供电。实验室的面积应满足检测工作的需要，应为工作设备和所有必要的辅助设备与仪器保留存储空间，应有足够的空间留给测试人员和管理人员。高压检测设备，应按电压等级提供有充分的安全保护的房间或封闭区域和安全距离，在进行升压操作时应有 2 人操作。

化学实验室精密仪器供电系统应与前处理室、照明、空调及排风供电系统分开。其电气设备和大型仪器须接地良好，对电线老化等隐患要定期检查并及时排除。化学实验室除马弗炉、干燥箱、电热板、电热蒸馏水器及原子吸收仪的石墨炉、等离子发射光谱设备容量较大外，其他则容量较小，但数量较多，因此需合理配置。实验室应采用双路供电，不具备双路供电条件的，应设置自备电源。有特殊要求的，应配备不间断电源。实验室内所用的高压、高频设备要定期检修，要有可靠的防护措施。凡设备本身要求安全接地的，必须接地。定期检查线路，测量接地电阻。为了使这些大功率仪器工作时互不干扰，一般给大功率仪器单独设一条线路，微电子仪器与大功率用电器不能共接同一条线路。对于需要不间断供电的精密仪器，应配稳压的 UPS 电源。每个实验室，内设三相交流电及单项交流电，在靠近门口处设置总电源控制开关，方便从走廊引线、控制检修及开启或切断室内电源。对于实验停止后仍须运行的设备，应连在专用供电电源的线路上，避免因切断实验室的总电源而影响工作。实验台设置一定数量的三相及单相电源插座，电源插座回路设有漏电保护电器，插座设置应远离水盆和煤气。潮湿、有腐蚀性气体、蒸汽、火灾危险和爆炸危险等场所，应选用具有相应的防护性能的配电设备。化学实验室因有腐蚀性气体，配电导线应使用铜芯线。实验室的接地系统一定要保证人身安全以及仪器的正常运转。一般接地种类有安全保护接地、防静电接地、直流接地、防雷接地等。在实验建筑（室）内设有两种及两种以上不同电压或频率的电源供电时，宜分别设置配电保护装置并有明显区分或标志。当由同一配电保护装置供电时，应有良好的隔离。不同电压或频率的线路应分别单独敷设，不得在同一管内敷设。高层或线路较多的多层科学实验建筑，垂直线路宜采用管道井敷设。强、弱电管线宜分别设置管道井。当在同一管道井内敷设时，应敷设在管道井内两侧。

化学实验室电路的设计需要采用国家电压标准，为交流三相五线制电源 380V、50Hz（红色 A、绿色 B、黄色 C、蓝色 0、双色为保护接地），交流单相三线制电源 220V、50Hz（红色火、蓝色 0、双色为保护接地）。化学实验室电气及布置线路电线应按照 GB/T 5023.1—2008《额定电压 450/750V 及以下聚氯乙烯绝缘电缆 第 1 部分：一般要求》的相关规定，采用铜芯线 BVR、BV，电线直径、开关大小按照用电容量计算。较大负荷用电器单独设回路，并设计相应的自动保护开关。贵重仪器、精密仪器用电源，应设计交流稳压装置或设隔离电源，以确保仪器安全可靠运行。全部插座、用电器外壳都要良好接地，以确保人身安全。并合理设计空调、照明和电加热装置，达到安全可靠地使用的目的。

4.2　实验室照明

化学实验室照明要单独设闸。化学实验室的照明灯一般以日光灯为宜。这种灯不但使用寿命长、照明面积大、光效高，而且发热量低。在分析化学实验室，用目视法判断指示剂变色终点时，可在操作处安设荧光灯。电磁干扰要求严格的实验室，不宜采用气体放电灯。暗室、电镜室等，应设单色（红色或黄色）照明，入口处宜设工作状态标志灯。放射性实验室、传染性微生物实验室以及从事致癌物或毒物操作的实验室，应采用嵌装式洁净灯具，电线管路要力求暗装，电灯开关应装在室外走廊上。无菌室需要安装紫外灭菌灯，其控制开关应设在门外，并与一般照明灯具的控制开关分开设置。在潮湿、腐蚀性气体、蒸汽、火灾危险、爆炸危险等场所，应选用具有相应防护性能的灯具。在安全出口、疏散通道等处，应设置安装疏散指示灯，在发生紧急事故的情况下使疏散的人员能够得以迅速疏散。管道技术层内应设照明，并由单独支路或专用配电箱（盘）供电。

实验楼内有各种用途的房间，对照明度的要求也不一样。凡进行精细工作的房间就要求比进行粗糙工作的房间要有较高的照明度。要求照明度高，就需多装灯具或增大光源的容量，也即要增加建设投资和经常性费用（主要是电费）。所以，照明度必须适应国家的经济条件和生活水平。每个国家都结合其具体条件制定了最低照明标准供照明设计用。

化学实验室的检测操作区域应提供充足照明。它的照明要求，不是灯的数量，而是照明度。我国一般的化学实验室要求的照明度不小于 250lx。国外要求的照明度高，一般可到 500lx 甚至更高些。贮存室的照明度可低些。化学实验室照明度标准见表 4-1。

表 4-1　化学实验室照明度标准

房间名称	平均照明度/lx	工作面高度/mm	备 注
化学分析室	100~200	实验台面　750~850	一般照明
光谱分析室	100~200	工作台面　750	一般照明
色谱分析室	100~200	工作台面　750	一般照明
高温加热室	100~200	工作台面　600~750	一般照明
天平室	100~200	工作台面　750	宜设局部照明
药品储藏室	100~200	药剂柜及储藏架　1800	宜设局部照明
标准溶液室	100~200	实验台面　750	宜设局部照明
纯水室	100~200	实验台面　750	一般照明
办公室	200~500	桌面　750	宜设局部照明

实验室应配备工作灯。应急照明灯是在正常照明电源发生故障时，能有效地照明和显示疏散通道，或能持续照明而不间断工作的一类灯具，广泛用于公共场所和不能间断照明

的地方。应急照明按照用途可分为三类：疏散应急照明、安全应急照明、备用应急照明。它是现代公共建筑及工业建筑的重要安全设施，是现代建筑物中安全保障体系的一个重要组成部分，它同人身安全和建筑物安全紧密相关。当建筑物发生火灾或其他灾害时，伴随着电源中断，应急照明对人员疏散、消防救援工作，对重要的生产、设备的继续运行或必要的操作处置，都有重要的作用。

4.3 电源配件

化学实验室常见的电源配件有稳压电源、电源插座、电源插头和开关。稳压电源是能为负载提供稳定的交流电或直流电的电子装置，包括交流稳压电源和直流稳压电源两大类。其功能是当电网电压出现瞬间波动时，稳压电源会以 10~30ms 的响应速度对电压幅值进行补偿，使电压稳定在±2%以内。稳压电源除了最基本的稳定电压功能以外，还应具有过压保护（超过输出电压的10%）、欠压保护（低于输出电压的10%）、缺相保护、短路过载保护等最基本的保护功能。

在现实生活中，电压不稳会给仪器带来致命伤害或误操作，影响正常工作，同时还会加速设备的老化、影响使用寿命甚至烧毁配件。因此，对精密仪器安装合适的稳压电源是必要的。

常用的稳压电源有：铁磁谐振式交流稳压器、磁放大器式交流稳压器、滑动式交流稳压器、感应式交流稳压器和晶闸管交流稳压器。铁磁谐振式交流稳压器，是由饱和扼流圈与相应的电容器组成，具有恒压伏安特性。磁放大器式交流稳压器，是将磁放大器和自耦变压器串联而成，利用电子线路改变磁放大器的阻抗以稳定输出电压。滑动式交流稳压器，是通过改变变压器滑动接点位置稳定输出电压。感应式交流稳压器，是靠改变变压器次、初级电压的相位差，使输出交流电压稳定。晶闸管交流稳压器，是用晶闸管作功率调整元件，稳定度高、反应快且无噪声，但对通信设备和电子设备造成干扰。20世纪80年代以后，又出现了3种新型交流稳压电源：补偿式交流稳压器、数控式和步进式交流稳压器、净化式交流稳压器。它们具有良好隔离作用，可消除来自电网的峰值电压的干扰。

不间断电源 UPS（Uninterruptible Power Supply），是将蓄电池（多为铅酸免维护蓄电池）与主机相连接，通过主机逆变器等模块电路将直流电转换成市电的系统设备，主要用于给单台计算机、计算机网络系统或其他电力电子设备（如电磁阀、压力变送器等）提供稳定、不间断的电力供应。当市电输入正常时，UPS 将市电稳压后供应给负载使用，此时的 UPS 就是一台交流市电稳压器，同时它还向机内电池充电。当市电中断（事故停电）时，UPS 立即将电池的直流电能，通过逆变零切换转换的方式向负载继续供应 220V 交流电，使负载维持正常工作并保护负载软、硬件不受损坏。UPS 设备通常对电压过高或电压过低都能提供保护。不间断电源的实验室稳压电源也具有稳压功能，是保证仪器稳定运行的重要部分。为了避免市电的供电电压不稳或突然停电而影响实验室的运行，通常加装备用电源及稳压器。常用不间断电源分为两类：一类是普通的不间断电源，只起到不间断供电作用，但不能稳压；另一类是在线式不间断电源，既能不间断供电又能稳压。可根据实际情况和仪器要求选择不同的电源，见图 4-1 和图 4-2。

电源插座，是指用来接市电提供的交流电，使家用电器与可携式小型设备通电而使用

图 4-1　台式不间断电源实物图

图 4-2　柜式不间断电源实物图

的装置。电源插座是有插槽或凹洞的接头，用来让有棒状或铜板状突出的电源插头插入，以将电力经插头传导到电器。一般插座都按非同一规格的插头无法插入的方式设计。部分插座上会有棒状突出端，以匹配插头上的凹洞。按照结构和用途的不同，电源插座主要分为：移动式电源插座、嵌入式墙壁电源插座、机柜电源插座、桌面电源插座、智能电源插座、功能性电源插座、工业用电源插座、电源组电源插座等。化学实验室的插座由于在特殊环境下使用，要求具有耐腐蚀、耐冲击、防尘、防水等功能。

插座类型有两种：一种是没有金属外露的塑料外壳以及双绝缘（即带"回"字符号）的小型电器设备，可以使用二孔插座。另一种是有金属外壳以及有金属外露的电器设备，应使用带保护极的三头插头，如电冰箱、烤箱等。电源插座分为 10A/220V 多功能插座和 13A/220V 方脚三插插座（欧式），常见规格有：10A、13A、16A、20A。电源插座应远离水盆和煤气、氢气等喷嘴口，并不影响实验台仪器的放置和人员操作。线盒采用钢线槽，主要用于试剂架、边台和中央台台面上。电线线径应充分考虑实验的当前需要和扩容。必须在装修开始前完成实验台柜方案的确定，并出具电路图。各种插座实物图见图4-3。

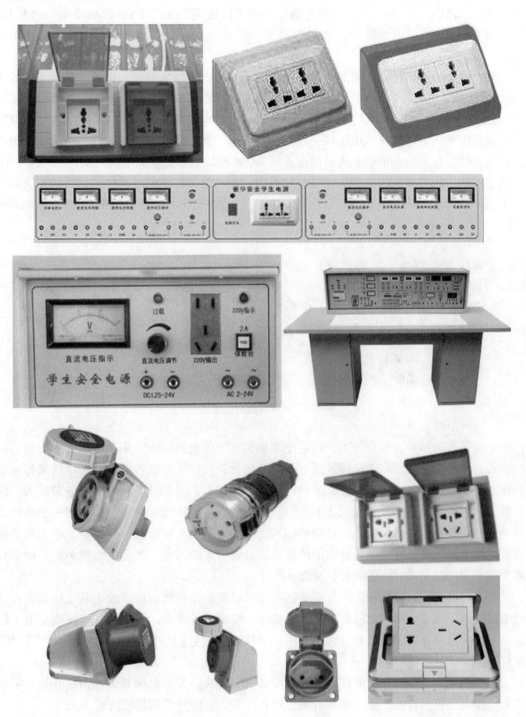

图4-3　各种插座实物图

电源插头是指将电器用品等装置连接至电源的装置。根据国家和地区的不同，电源插座和插头的外型、等级、尺寸、种类都有所不同。各个国家都有政府制定的标准。电源插头又叫电源线插头，英文是 power plug。根据电源插头的用途不同，电源线插头可以使用在 250V、125V、36V 电压上。根据电流的不同可以使用 16A、13A、10A、5A、2.5A。频率一般为 50/60Hz。电源插头大致可以分为：转换电源插头、注塑电源插头、装配电源插头。

转换电源插头，每个国家的电源插头标准不一样，比如说中国的电源插头到美国就不能使用了。必须需要一个转换插头来完成转换。这样就需要转换电源插头。转换电源插头就是把一个国家标准的插头转换成另一个国家标准的电源插头，见图 4-4 左。注塑电源插头就是插头和线通过高温高压压在一起，一旦成型，就不可以拆装。这样的电源插头特点很明显，稳固、安全。市场上流通的电源插头，80%以上都是这类电源插头，见图 4-4 中。装配电源插头就是电源线和插头通过螺丝等固定在一起，在使用过程中可以拆装。这样保证了电源插头的灵活性。例如英国市场上就有很大一部分这种装配电源插头，见图 4-4 右。

图 4-4　各种类型的电源插头

电源插头的型号一般可分为：两芯电源插头、三芯电源插头、多芯电源插头。两芯电源插头，顾名思义就是有两个插片或者是两个插针，具体插片或者插针，每个国家标准不一样。例如中国的就是两个插片，欧洲的就是两个圆针，见图 4-5 左。三芯电源插头，顾名思义就是插头有三个插片（见图 4-5 中）或者是三个插针或者是两个插片和一个插针或者是两个插针加上一个接地孔。这样的结构比两芯电源插头复杂些。插针的大小和直径都有很大的不同。其长度以及插针之间的距离都是要考虑的因素。多芯电源插头就是插头有四个或者四个以上插片或者插针，见图 4-5 右。

开关一词解释为开启和关闭。它是指一个可以使电路导通、使电流中断或使其进入其他电路的电子元件。最常见的开关是让人操作的机电设备开关，其中有一个或数个电子接点。要特别注意开启和关闭在日常工作中的具体含义。它们与接点的"闭合"和"打开"正好相反，切记切记!!!

按照用途，开关可分为波动开关、波段开关、录放开关、电源开关、预选开关、限位开关、控制开关、转换开关、隔离开关、行程开关、墙壁开关和智能防火开关等。

按照结构，开关可分为微动开关、船型开关、钮子开关、拨动开关、按钮开关和按键开关等。

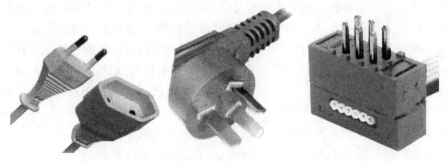

图 4-5 两芯、三芯及多芯电源插头

按照接触类型，开关可分为 a 型触点、b 型触点和 c 型触点三种。接触类型是指，"操作（按下）开关后，触点闭合"。需要根据用途选择合适接触类型的开关。

按照开关组数，开关可分为单控开关、双控开关、多控开关、调光开关、调速开关、防溅盒、门铃开关、感应开关、触摸开关、遥控开关、智能开关、插卡取电开关和浴霸专用开关等。

空气开关，又称自动开关、低压断路器。原理是在工作电流超过额定电流、短路、失压等情况下，自动切断电路。在使用空气开关时，应配备必要的漏电保护器。常见的空气开关有 DZ47-63 C32 的空气开关，这是微（小）型断路器的额定电流标示法。"DZ" 是指小型空气自动断路器，"47" 是指设计序号，"63" 是指断路器壳架等级（系列最大）额定电流为 63A，C 表示起跳电流，32 表示该断路器额定电流为 32A，但应注意的是这个电流是在环境温度为 40℃时的额定值。实际使用时可参照厂家提供的降容曲线。注意：化学实验室不得使用闸刀开关、木质配电板和花线。这是因为木质配电板的木质比较易燃，会导致火灾；使用闸刀开关，在事故发生时，在切断电源时可给操作者带来更大的危险。花线也叫软线，是指双绞线，就是两个线缠绕在一起，类似麻花形状，花线中的两根线是不同颜色的，常见的有黑红或蓝红，花线只能作为临时的照明线路使用，由于电线太细，容易烧掉，不能长时间使用。线槽主要使用多功能钢线槽（主要用于试剂架上）和 PVC 线槽配西班牙插座（主要用于边台和中央台台面上）。

4.4 供电系统设计

实验室的配电系统，是根据实验仪器和设备的具体要求，经过专业的设计人员综合多方面因素设计完成的，与普通建筑有很大区别，因为实验室仪器设备对电路的要求比较复杂，并不是通常人们所认为的那样，只要满足最大电压和最大功率的要求就可以了。事实上，有很多仪器设备对电路都有特殊的要求（例如静电接地、断电保护等）。

在工程建设中发现，部分实验室在设计建设初期，都没有充分考虑到实验室用电的特殊性，甚至有的用户和设计单位认为实验室的用电量与一般的办公室类似，这样给后期实验室的运行带来了很大的麻烦。对于配电系统的设计，不但要考虑现有的仪器设备情况，同时也要考虑实验室今后几年的发展规划，并要充分考虑配电系统的预留问题及日后的电路维护等问题。

　　实验室建筑内部有各种类型的实验室及仪器设备，供电系统除了维持实验室特定的环境用电外，还要满足现有及未来增加的各种仪器的特殊用电要求。对于离心机、层析冷柜、低温冰箱等带压缩机之类的仪器，它们的电机启动所需要的电流往往是工作电流的很多倍，在启动瞬间往往会影响该线路的电压波动，如果接在线路上所用的大功率仪器较多，就会引起仪器工作不正常。微电子仪器如微生物电测试仪、分光光度计、计算机等对电源要求比较高，大功率仪器的频繁启动会产生脉冲电压，而这些脉冲电压很容易损坏元件或引起读数波动、数据丢失等故障。所以，对实验室建筑供电系统的设计，除了必须预留足够的富余电量以满足未来发展的需要外，还必须提供不间断的稳压电源。基于实验室的与众不同，实验室建筑的供电系统从电源、线路、照明、安全等方方面面都有其独特性。实验室建筑的用电量通常是现有用电量的 2 倍。

　　每一实验室内都要有三相交流电源和单相交流电源，要设置总电源控制开关。当实验室有必要时，应能切断室内总电源。室内固定装置的用电设备，例如烘箱、恒温箱、冰箱等，如果是在实验进行中使用这些设备，而在实验结束时就停止使用，可连接在该实验室的总电源上。若实验停止后仍须运转的，则应有专用供电电源，不至于因切断实验室的总电源而影响其工作。每一实验台上都要设置一定数量的电源插座，至少要设有一个三相插座。单相插座则可以设置 2~4 个。这些插座应有开关控制和保险设备，以防万一发生短路时不致影响整个室内的正常供电。插座可设置在实验桌上或桌子边上，但应远离水盆和煤气、氢气等喷嘴口，而且不影响桌上实验仪器的放置和人员操作。有的实验室将插座安装在实验桌下面的插座内或柜子内，这种安装位置在使用上很不方便，最好不采用。在实验室的四面墙壁上，配合室内实验桌、排风柜、烘箱等的布置，在适当位置要安装多处单相和三相插座，这些插座一般在踢角线上面，以使用方便为原则。化学实验室因有腐蚀性气体，配置导线以铜芯线较合适。至于敷线方式，以穿管暗敷设较为理想。暗敷设不仅可以保护导线，而且可使室内整洁，不易积尘，检修方便。一般来说，化学实验室使用的电气设备容量较小，物理实验室使用的电气设备容量较大。当实验室正式使用以后，发现供电容量不够大，因此在对实验室的供电设计中，必须在供电容量方面留有余地。有一种灵活性较大的实验室供电方式，是将输电导线穿电管穿越一悬空的管道内，其上装有插座。这种装置的优点是避免在室内地面上有许多立管，从而使室内布置非常灵活。供电系统平面设计图见图 4-6。

4.5　安 全 用 电

　　在生产生活中，电给人们带来了很大的便利，但是如果使用不当，它也会给人带来不必要的伤害。在化学实验室内也不例外，不正确使用用电，也会给人、设备和设施带来巨大损害，因此安全用电是必要的。在化学实验室中给用电带来不安全的因素，是实验仪器在运行过程中，因受冲击压力、潮湿、灰尘侵入的影响，以及线路系统内部因材料的缺陷、老化、磨损、受热及绝缘损坏等原因影响，导致仪器设备出现短路、过载、接触不良及散热不好等现象，轻者出现仪器故障，重者可出现火花或损害仪器，严重时可能发生火灾或者人员伤亡。鉴于上述情况，为了人员和仪器的安全，对仪器的用电进行保护是必要的。对于仪器的用电安全，有过载保护、短路保护、欠压及失压保护、断相保护及防误操作保

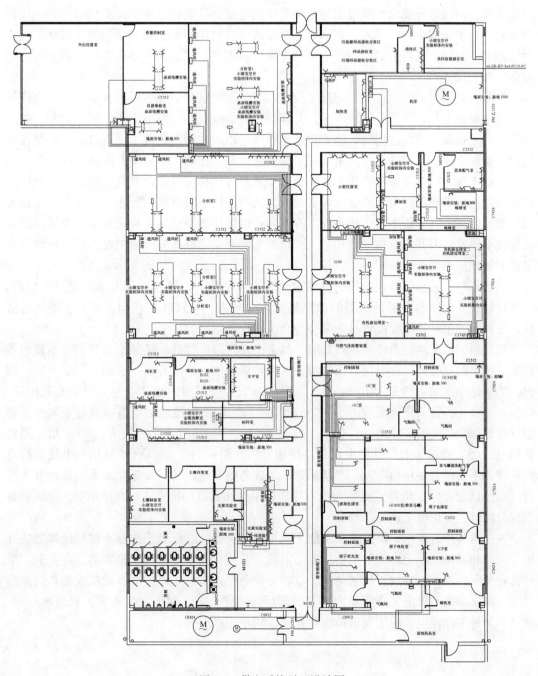

图 4-6 供电系统平面设计图

护等。如果化学实验室仪器出现短路、过载、接触不良和散热不良，都会对其供电系统带来损害。

短路，就是指在电路中电流不流经用电器，直接连接电源正负两极。它可使线路中的电流增加为正常时的几倍甚至几十倍，而产生的热量与电流平方成正比，使得温度急剧上升，大大超过允许范围。如果温度达到可燃物的自燃点或可燃物的燃点，就会引起燃烧，发生火灾。出现这种现象的原因主要是仪器中的电线绝缘老化、变质或受机械损伤，仪器内部有污物聚积或小动物钻入，在高温、潮湿或腐蚀的作用下，其绝缘层发生破坏，失去绝缘能力。另外，在雷击的作用下也可使绝缘层被击穿，这是因为雷电放电电流极大，比短路电流大得多。

过载，就是电流负荷过大，超过了设备本身的额定负载。如果系统长期过载，会使线路和用电设备发热，降低其绝缘水平，甚至烧毁设备或线路，发生火灾。发生这种现象的原因，一是在设计上，选用的线路或设备不合理，以致在额定负载下出现过热；二是设备使用不合理或设备带故障运行，造成设备和线路过载。比如一个插座上连接仪器太多。

接触不良，一般是指在线路的连接处由于灰尘等异物或存在金属氧化物而导致线路连接处出现连接不畅的现象，或电阻异常增大，从而使仪器或电路不能正常工作。产生这种现象的原因主要有焊接不良或接头处混有杂质；由于外界振动导致接头松动，可拆卸的接头连接不紧密；刀开关、接触器和插入式熔断器的触头接触面脏污或粗糙不平，导致没有足够的接触压力等。

散热不良，是指仪器在工作时，其散热装置效率低下，导致仪器内部环境温度增高。出现这种现象的原因主要是仪器的散热装置集尘较多，导致叶片转动困难，不能正常散热；另外，如果叶片断裂或者马达被烧也会出现这种情况。

当仪器的正常运行条件遭到破坏时，就会出现短路、过载、接触不良和散热不良四种现象。严重时仪器的局部温度升高很快，其发热量增加，湿度升高，从而会引起火灾。因此，为了化学实验室的安全用电，要注意做到以下几点：（1）选用合格的电器及其配件，灯线不要过长，灯头离地面应不小于2m；（2）对规定使用接地的用电器具的金属外壳要做好接地保护，即安装接地线；（3）不要随意把三芯插头改为二芯插头；（4）禁止超负荷用电；（5）空调等大容量用电设备应使用专用线路；（6）熔断丝的选用与电线负荷要相匹配，不要任意加粗熔断丝，严禁用铜丝等代替熔断丝；（7）要定期对漏电保护开关进行灵敏性试验；（8）电路或电器应由有资质的单位和人员进行安装，在使用中，电气设备出现故障时，要由电工进行修理。

在仪器运行过程中，检测人员不能用湿布擦拭仪器。禁止湿手或湿布擦拭仪器上的灯头、开关和插座。湿毛巾等导电物品要与电线、开关、插座等保持安全距离。在开关、熔丝盒和电线附近，不要放置易燃物品，以防发生电气火灾。如果发现有橡皮或塑料烧焦的气味，应立即断闸停电，查明原因妥善处理后，才能合闸。如果发生火灾，要迅速断闸、救火。如果不能停电，应用覆盖消防砂救火，禁止用水灭火。

第 5 章　气体配送系统

化学实验室气体配送系统，主要由气源、切换系统、管道系统、调压系统、用气点、监控及报警系统组成。对于一些易燃易爆气体，如氢气、乙炔等，在设计和施工过程中，还必须加入气体回火防止器等安全控制装置。目前，气体的配送方式，分为集中供气和分散供气两种。集中供气系统又称中央供气系统，是将中央储气设备中的气体经切换装置并调压后通过管路系统输送到各个分散的终端用气点。该种供气方式具有占地小、安全性高、经济性好、效率高和气体纯度高等优点。但是，该系统一次性投资比较大，适合仪器品种或数量较多的化学实验室，比如大型企业的中心化验室。分散供气就是每台仪器对应一台气瓶供气。它是一种传统的供气模式，由于供气网络小，具有内部泄漏少、无需在室外面设管道、使用比较方便和快捷等优点，适合于单台仪器的小型化学实验室，比如车间炉前化验室。

5.1　气体分类概况

化学实验室常用的气体有高纯气体、实验气体和辅助气体。高纯气体主要用于大型的精密仪器。常见的大型精密仪器有气相色谱仪、液相色谱仪、红外碳硫分析仪、氧氮氢分析仪、原子吸收光谱仪、原子荧光光谱仪、气-质联用仪、液-质联用仪、光电直读光谱仪、电感耦合等离子体原子发射光谱仪和质谱仪等。实验气体主要用于部分化学实验，其纯度要求不是很高。辅助气体主要用于部分化学实验或仪器分析实验，比如原子吸收光谱仪用的压缩空气等。高纯气体按其特性，又可分为不燃气体、惰性气体、易燃气体、剧毒气体和助燃气体。

在日常的仪器分析所用高纯气体中，常见的不燃气体主要有氮气和二氧化碳；惰性气体有氩气和氦气；易燃气体有氢气和乙炔；剧毒气体有氟气和氯气；助燃气体有氧气。

氮气，通常状况下是一种无色无味的气体，而且一般氮气比空气密度小。氮气占空气总量的 78.08%（体积分数），是空气的主要成分。在标准大气压下，冷却至 $-195.8℃$ 时，变成没有颜色的液体，冷却至 $-209.8℃$ 时，固态氮变成雪状的固体。氮气的化学性质不活泼，常温下很难与其他物质发生反应，所以常用来制作防腐剂。在高温、高能量条件下，可与某些物质发生化学变化，用来制取对人类有用的新物质。

二氧化碳，是空气中常见的温室气体，是一种气态化合物，碳与氧反应而生成，其化学式为 CO_2。一个二氧化碳分子由两个氧原子与一个碳原子通过共价键构成。常温下，二氧化碳是一种无色无味、不助燃、不可燃的气体，密度比空气大，略溶于水，与水反应生成碳酸。二氧化碳压缩后俗称为干冰。

惰性气体，是指元素周期表上的 18 族元素（IUPAC 新规定，即原来的 0 族）。在常温常压下，它们都是无色无味的单原子气体，很难进行化学反应。天然存在的稀有气体有 6

种，即氦（He）、氖（Ne）、氩（Ar）、氪（Kr）、氙（Xe）和具有放射性的氡（Rn）。化学实验室采用的气体有氩气和氦气。

氩气，是一种无色无味的惰性气体，相对分子质量为 39.938，化学式为 Ar。在标准状况下，密度为 $1.784\mathrm{kg/m^3}$。沸点为 $-185.7℃$。在科研和工业生产中，通常用灰色钢瓶盛装氩气。液氩通常用焊接绝热气瓶（杜瓦罐）盛装。按照 GB/T 4842—2006 规定，氩气分为纯氩、高纯氩两个等级。用作石墨炉原子吸收光谱仪、原子荧光光谱仪、光电直读光谱仪、电感耦合等离子体光谱仪和质谱仪的工作气体。

氦气，是无色无味、不可燃气体。在空气中的体积分数约为 $5.2×10^{-6}$。化学性质不活泼，通常状态下不与其他元素或化合物结合。1908 年 7 月 10 日，荷兰物理学家昂尼斯首次液化了氦气。用作脉冲氧氮氢分析仪、气-质联用仪（GC-MS）和 X 射线荧光光谱仪的工作气体。

可燃气体，是指能够与空气（或氧气）在一定的浓度范围内均匀混合形成预混气，遇到火源会发生爆炸，燃烧过程中释放出大量热能的气体。

氢气，在常温常压下是一种极易燃烧、无色透明、无臭无味的气体。氢气是世界上已知密度最小的气体，只有空气的 1/14。在 0℃ 时，一个标准大气压下，氢气的密度为 0.0899g/L。氢气是一种极易燃的气体，在空气中的体积分数为 4%~75% 时都能燃烧。

氢气与空气混合时，爆炸极限为 4%~74%（体积分数）；或与氯气混合时，爆炸极限为 5%~95%（体积分数）。在热、日光或火花的刺激下，易引爆。氢气的着火点为 500℃。纯净的氢气与氧气的混合物在燃烧时，会释放出紫外线。

乙炔，化学式 C_2H_2，俗称风煤和电石气，是炔烃化合物系列中体积最小的一员，主要作工业用途，特别是焊接金属方面。在室温下，乙炔是一种无色、极易燃的气体。纯乙炔是无臭的，但工业用乙炔由于含有硫化氢、磷化氢等杂质，而有一股大蒜的气味。乙炔是最简单的炔烃。结构式 H—C≡C—H，结构简式 CH≡CH，最简式（又称实验式）CH。乙炔中心 C 原子采用 sp 杂化。乙炔相对分子质量为 26.4，热值 $53.6\mathrm{MJ/m^3}$。纯乙炔在空气中燃烧时，温度达 2100℃ 左右；在氧气中燃烧时，可达 3600℃。常用作火焰原子吸收光谱仪的工作气体。

剧毒气体，就是对人体产生危害，能够致人中毒的气体。中毒时，人们表现出头晕、恶心、呕吐和昏迷等反应，也有一些毒气使人皮肤溃烂，气管黏膜溃烂。严重时，可使人休克，甚至死亡。实验室常见剧毒气体为氟气和氯气。

氟气，元素氟的气体单质，化学式 F_2，淡黄色。氟气化学性质十分活泼，具有很强的氧化性，除全氟化合物外，可以与几乎所有的有机物和无机物反应。氟气是一种极具腐蚀性的双原子气体，剧毒。氟是电负性最强的元素，也是很强的氧化剂。在常温下，它几乎能和所有的元素化合，并产生大量的热。在所有的非金属元素中，氟是最活泼的。

氯气，化学式为 Cl_2。常温常压下为黄绿色，有强烈刺激性气味的剧毒气体，密度比空气大，可溶于水，易压缩，可液化为黄绿色的油状液氯，是氯碱工业的主要产品之一，可用作为强氧化剂。在氯气中，氢气的体积分数达到 5% 以上时，遇强光会有爆炸危险。氯气与有机物发生取代反应和加成反应，从而生成多种氯化物。氯气是一种有毒气体，它主要通过呼吸道侵入人体并溶解在黏膜所含的水分里，生成次氯酸和盐酸，对上呼吸道黏膜造成损伤。次氯酸使组织受到强烈的氧化，盐酸刺激黏膜发生炎性肿胀，使呼吸道黏膜浮肿，大量分泌黏液，造成呼吸困难。所以，氯气中毒的明显症状，是发生剧烈的咳嗽。症状严重时，会发生肺水肿，使循环作用困难而致死亡。由食道进入人体的氯气会使人恶心、呕吐、胸口疼痛和腹泻。1000mL 空气中最多可允许含 0.001mg 氯气，超过这个量就会引起人体中毒。

助燃气体就是能帮助可燃物质发生燃烧反应的气体。实验室常见助燃气体为氧气。

氧气，化学式 O_2，相对分子质量为 32.00，无色无味气体，氧元素最常见的单质形态。熔点 -218.4℃，沸点 -183℃。不易溶于水，1000mL 水中溶解约 30mL 氧气。在空气中，氧气体积分数约占 21%。液氧为天蓝色。固态氧为蓝色晶体。常温下不很活泼，与许多物质都不易作用。但是，在高温下则很活泼，能与多种元素直接化合，这与氧原子的电负性仅次于氟有关。常用作碳硫分析仪的工作气体。

5.2　气体包装物

实验室高纯气体的包装物，主要有钢瓶、焊接绝热气瓶（盛装液态气体的杜瓦罐）。根据 GB/T 7144—2016《气瓶颜色标志》规定，高压气体的钢瓶可根据其外部颜色及标志进行区分：氧气瓶［淡（酞）蓝色+黑字］、氢气瓶（深绿色+大红字）、氮气瓶（黑色+白字）、压缩空气瓶（黑色+白字）、乙炔瓶（白色+大红字）、二氧化碳瓶（铝白色+黑字）、氩气瓶（银灰色+深绿字）、氦气瓶（银灰色+深绿字）。

高纯气体所用钢瓶必须符合 GB 5099—1994《钢质无缝气瓶》的规定。乙炔气瓶必须符合 GB 11638—2011《溶解乙炔气瓶》的规定。

焊接绝热气瓶是一种低温绝热压力容器，又称杜瓦罐。DPL（立式）气瓶主要用于存储和运输液氮、液氧和液氩，并能自动提供连续的气体。气瓶设计为高真空多层缠绕绝热结构，内胆用来储存低温液体，其外壁缠有多层绝热材料，具有超强的隔热保温性能，同时夹层（两层容器之间的空间）被抽成真空，共同形成良好的绝热系统。焊接绝热气瓶也属于高纯气体包装物范畴（见图 5-1），该气体包装物必须符合 GB 24159—2009《焊接绝热气瓶》的规定。

图 5-1　焊接绝热气瓶外观

　　焊接绝热气瓶同压缩气体钢瓶相比较，它能够在相对低的压力下容纳大量的气体，另外，还能提供容易操作的低温液体气源。与钢瓶相比，其压力小于钢瓶，因此使用很安全，而且气体容量多于钢瓶。一瓶装有液氩的焊接绝热气瓶可以连续支持 ICP 光谱仪四天四夜点火工作，但是一瓶高纯氩点火后工作最多 3~4h。

　　液态氩与气态氩换算关系如下：将液态氩质量换算为20℃、0.1013MPa 状态下气态氩的体积，按下列公式计算

$$V = \frac{m}{1.662}$$

式中　　V——液态换算成气态的体积，m^3；

　　　　m——液态氩的质量，kg；

　　1.662——氩的密度，kg/m^3。

　　另外，焊接绝热气瓶的缺点就是太重了，气瓶更换不方便。所以放在仪器室内不合适，建议放在室外，用紫铜管与焊接绝热气瓶管道和仪器连接。存放位置应靠近大门的地方，便于更换，最好是一楼。由于在氩气氛中，人有被窒息的危险，因此在氩气有可能泄漏或氩气含量有可能增加的地方应该设置通风装置。焊接绝热气瓶只要不泄漏，就不会发生安全事故。为了安全，焊接绝热气瓶在运输时只能立放，不能倒置。为了防止倾翻，须用皮带或其他绳索物品固定。为了缓冲应使用海绵或其他软垫垫底。另外，需用运输罐（YDS-XB）运输，禁止用贮存罐代替运输罐。由于液氩是一种超低温液体（-196℃），如因操作不当溅到皮肤上时，会引起类似烧伤一样的冻伤，因此在灌充和取出液氩时应特别注意，应该采取防冻措施。在使用过程中，不能用其他塞子来代替专用罐盖，更不能使用密封的塞子，以免液氩持续蒸发，形成氩气压力增高而导致容器的损坏。在检查容器内液面的高度时，应用实用塑料小棒或实心小木棒插入底部，超过 5~10s 后取出，结霜的长度即是液面高度。最后，要注意长期存放液氩的房间应开窗通风、换气。如果焊接绝热气瓶发生泄漏，在充满氧气的环境下（通常氧气体积分数超过 23% 即表明周围充满氧气），易燃物会剧烈燃烧并可能爆炸。因此，在其周围要清除所有有机物和其他可燃物，使之不会与氧气接触，尤其是不能使油、脂类、沥青、煤、灰尘或粘有上述物质的污垢等接触到氧气，禁止在储存、输送或使用氧气的区域内吸烟或有明火。在充满氮和氩气的环境下，空气中的氧气浓度会降低，人吸入这种气体后，由于缺氧会产生头昏、恶心、呕吐及昏迷，甚至死亡等现象。因此，在氧气体积分数低于 19% 的时候，进入现场应该携带呼吸器。

5.3　气体配送方式

　　实验室供气系统，按其供应方式可分为分散供气与集中供气两种。

　　分散供气是将气瓶或气体发生器分别放在各个仪器分析室，接近仪器用气点，使用方便，节约用气，投资少。但由于气瓶接近实验人员，安全性欠佳。一般要求采用防爆气瓶柜，并带报警功能与排风功能。报警器分为可燃性气体报警器及非可燃性气体报警器。气瓶柜应设有气瓶安全提示标志，气瓶有安全固定装置。

　　集中供气是将各种实验分析仪器需要使用的各类气体钢瓶，全部放置在实验室以外独立的气瓶间内，进行集中管理，各类气体从气瓶间以管道输送形式，按照不同实验仪器的

用气要求输送到每个实验室不同的实验仪器上。整套系统包括气源集合压力控制部分（汇流排）、输气管线部分、二次调压分流部分（功能柱）以及与仪器连接的终端部分（接头、截止阀）。整套系统要求具有良好的气密性、高洁净度、耐用性和安全可靠性，能满足实验仪器对各类气体不间断连续使用的要求。并且在使用过程中，根据实验仪器工作条件对整体或局部气体压力、流量进行全量程调整，以满足不同实验条件的要求。

集中供气可实现气源集中管理、远离实验室、保障实验人员的安全，另外也可保持气体纯度、气体压力稳定、不间断气体供应、低压警示、效率高、操作简单、方便检查和维修。但由于供气管道过长，会导致浪费气体，且开启或关闭气源要到气瓶间，使用不方便，一次投资较高。

在化学实验室中，为了保证实验室人员的人身安全，除了不燃气体和惰性气体外，可以采用分散供气方式。其他气体原则上不进入实验室，可以通过输气管接到各实验室内，即集中供气，见图5-2。

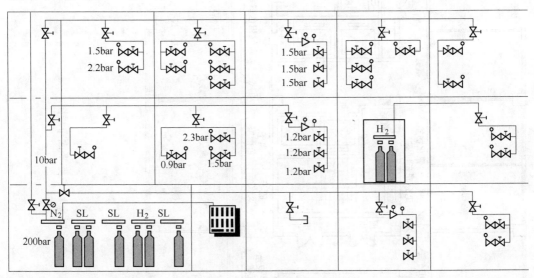

图 5-2　集中供气示意图

（1bar=10^5Pa）

消防要求：易燃易爆气体、助燃气体、惰性气体需分别存放，不可同室。而实际上并没有多余的空间，大多数把助燃气体和惰性气体放在同一气瓶间里。

一般气相室应配备氮气、氢气和空气；气-质联用室应配备氦气，有时根据需要还需配备空气、甲烷和氢气。氢气管线上的连接管件连接后都要焊接，严禁泄漏。所有的管线在安装完毕后一定要做气密性试验，并在使用前要先除油。由于管道细小，管道间距较小，安装过程中可依据现场情况进行调整，保证间距不小于45mm。气瓶装瓶时，杜绝两种易燃气体同装一柜，还要求必须通风。原子吸收：氩气、乙炔、压缩空气；原子荧光：氩气；气相：氮气、氢气、氧气；气质：氦气；液质：99.999%氮气或99.5%氮气；ICP-光谱：氩气；ICP-MS：氩气、氦气；直读：氩气。

实验室集中供气系统设计，要考虑气体管路走向、材料选择、工程安装和验收等方面的因素。在设计前，首先要了解化学实验室精密仪器数量、位置和单台仪器用气量，然后再进行输气管路设计，最后根据气体性质来决定使用材料。气路平面布局和气路布置见图5-3和图5-4。

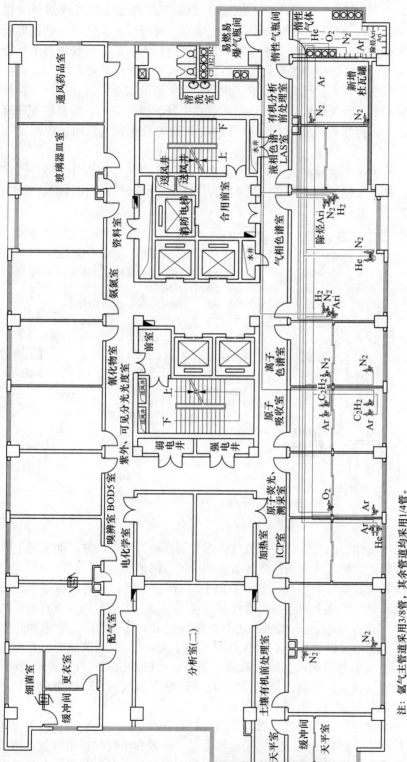

图 5-3　气路平面布局图

注：氩气主管道采用3/8管，其余管道均采用1/4管。

图 5-4 气路布置实景

5.4 供气管路设计

化学实验室集中供气系统的供气管路设计，可以参照国家标准及规范中的相关规定进行。相关标准及规范主要有：

GB 50029—2003《压缩空气站设计规范》

GB 50030—1991《氧气站设计规范》

GB 50031—1991《乙炔站设计规范》

GB 50073—2001《洁净厂房设计规范》

GB 50236—1998《现场设备、工业管道焊接工程及验收规范》

GB 50316—2000《工业金属管道设计规范》

在设计供气管路时，按照标准单元组合设计的通用实验室，各种气体管道也应按标准单元组合设计。穿过实验室墙体或楼板的气体管道，应敷设在预埋套管内。套管内的管段不应有焊缝。管道与套管之间，采用非燃烧材料严密封堵。

氢气、氧气和煤气管道以及引入实验室的各种气体管道支管宜明敷。当管道井、管道技术层内敷设有氢气、氧气和煤气管道时，应有换气 1~3 次/h 的通风措施。氢气、氧气管道的末端和最高点宜设放空管。放空管应高出层顶 2m 以上，并应设在防雷保护区内。氢气管道上还应设取样点和吹扫口。放空管、取样点和吹扫口的位置，应能满足管道内气体吹扫置换的要求。氢气、氧气管道，应有导除静电的接地装置。有接地要求的气体管道，其接地和跨接措施应按国家现行有关规定执行。

在管道敷设中，输送干燥气体的管道宜水平安装。输送潮湿气体的管道，应有不小于 0.3% 的坡度，坡向冷凝液体收集器。该管道与其他气体管道可同架敷设，其间距不得小于 0.25m。氧气管道应处于其他气体管道之上。氢气管道与其他可燃气体管道平行敷设时，其间距不应小于 0.50m；交叉敷设时，其间距不应小于 0.25m。分层敷设时，氢气管道应位于上方。室内氢气管道不应敷设在地沟内或直接埋地，不得穿过不适用氢气的房间。另外，要注意气体管道不得与电缆、导电线路同架敷设。

在气体管道材料选择上，应该采用无缝钢管。气体纯度大于或等于 99.99% 的气体管道，可采用不锈钢管、铜管或无缝钢管。管道与设备的连接段，宜采用金属管道，如为非金属软管，宜采用聚四氟乙烯管、聚氯乙烯管，不得采用乳胶管。阀门和附件的材质：对于氢气和煤气管道，不得采用铜质材料；其他气体管道，可采用铜、碳钢和可锻铸铁等材料。氢气和氧气管道所用的附件和仪表必须是该介质的专用产品，不得代用。阀门与氧气相接触的部分，应采用非燃烧材料。其密闭圈应采用有色金属、不锈钢及聚四氟乙烯等材料。填料应采用经除油处理的石墨石棉或聚四氟乙烯。气体管道中的法兰垫片，其材质应按管内输送的介质确定。气体管道的连接，应采用焊接或法兰连接等形式。氢气管道不得用螺纹连接。高纯气体管道应采用承插焊接。气体管道与设备、阀门及其他附件的连接，应采用法兰或螺纹连接。螺纹接头的丝扣填料，应采用聚四氟乙烯薄膜或一氧化铅、甘油调和填料。气体管道设计的安全技术，应符合每台（组）用氢设备的支管和氢气放空管上应设置阻火器的规定。最后注意：各种气体管道应设置明显标志。

5.5　供气管路部件及报警系统

集中供气系统的供气管路部件有减压阀、冲洗阀、截止阀、气压计和流量计。

减压阀是通过调节将进口压力减至某一需要的出口压力，并依靠介质本身的能量使出口压力自动保持稳定的阀门。实验室供气减压阀有二级减压和多级减压。

二级减压即气瓶端采用一级减压阀和末端采用一级减压阀来达到二级减压的目的。实验室一般推荐采用二级减压，这样可以保证气体的纯度和节约成本，也能达到多级减压的效果。多级减压即气瓶端采用二级减压阀或多级减压阀和末端采用二级减压阀或多级减压阀来达到多级减压的目的。减压效果同二级减压效果差不多，但成本会更高。在选择减压阀的时候，必须考虑气体的种类、允许压力变化范围、最大气体用量和流速、管路的结构和使用场所等。

根据各种气体的用途不同，在材料的选择上也会有些不同，如一般惰性气体阀体和阀芯用镀铬铜（也可以选择不锈钢），对于乙炔和有腐蚀性气体的阀体和阀芯建议采用不锈钢材料，气体纯度为 99.99% 和 99.999% 的非腐蚀性、惰性气体材料建议选择镀铬铜阀体、不锈钢阀芯，气体纯度为 99.99% 的腐蚀性、有毒气体材料建议选择不锈钢阀体、不锈钢阀芯。

气瓶减压阀（一次减压阀）是根据用户使用气体的频率和用气量来选择的。气瓶减压阀分为单瓶式减压阀和多瓶式减压阀。多瓶式减压阀又可分为半自动减压阀和全自动减压阀，其成本相应也会不同。一般直接将气瓶减压阀安装在气瓶上边（单瓶），也可以选择面板式安装在墙上（双瓶或多瓶）。另外，要注意一般情况下，气瓶减压阀进口压力控制在 20~30MPa，出口压力为 0.15/1MPa、1.5/2.5/5MPa 左右，工作温度为 −20~50℃。

终端减压阀是根据用户的安装方式确定的，控制方式可以有多种选择，见图 5-5。

一台仪器需要用到几种气体，就配几个终端减压阀。目前，大多数实验室都采用这种方法（推荐）。压力稳定，流量也稳定。如图 5-6 所示，安装一个终端减压阀，其后通过

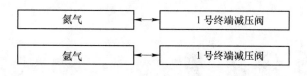

图 5-5　终端减压阀控制流程

接头与仪器相连。这样做的成本会低些，但气体的压力和流量会受到一定的影响。根据美观和用户需要，终端减压阀可以安装在墙上，也可以安装在工作台上。

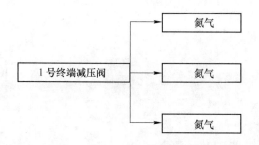

图 5-6　1 号终端减压阀控制流程

冲洗阀用于对气阀和管道进行高压冲洗。当管道长时间使用并遇到压力和流量不稳定时，有可能被杂质堵住。这时就需要对管道进行高压冲洗（装在气瓶减压阀端），以确保管路终端气体的纯度。

截止阀，即开关阀，装在气瓶减压阀和气瓶之间，可更好地控制气阀接口的气体泄漏，也可以装在仪器端，当开关阀使用。

气压计和流量计为气体的计量器具，用于调节气体流量。每三个月必须送到法定计量部门检定。如果检定不合格，必须更换。需特别注意气路系统及其附属设施，禁止与油类物质接触。气路管道用来运输高纯气体，为了保证不因为材料腐蚀污染气源，管道材料采用不锈钢（S316）制作，其总长度建议在 5m 以内，少接头和少弯曲。实验室供气管路给配件见图 5-7。

在化学实验室设计中，从可燃性气体发展的整体角度来说，在石油化工生产过程中、实验室实验、教学设施、住宅等不可避免地存在着各种易燃易爆气体和有毒气体，这些气体一旦泄漏并积聚在周围环境中，将可能酿成火灾、爆炸或人身中毒等恶性事故。为了防患于未然，在设计时要考虑安装可靠的气体报警器来监控可燃气体和有毒气体的泄漏情况，及时发出报警，以保证生产和人身安全。

可燃气体检测报警器由探测器与报警仪表构成，主要用于监测可燃气体产生、使用及储存的室内外危险场所的泄漏情况。燃气泄漏报警器能有效地监测环境中可燃气体或毒性气体（如 CO）的浓度。一旦其浓度超出报警限定值，就能发出声光报警信号，并且能自动开启排风扇把燃气排出室外，甚至能通过联动装置自动切断燃气供应，防止燃气继续泄漏，起到安全防范的作用。可燃气体的报警装置具有气体泄漏报警、易燃气体报警和低压报警功能。报警系统成套装置见图 5-8～图 5-10，其中燃气报警控制器及探头见图 5-11。

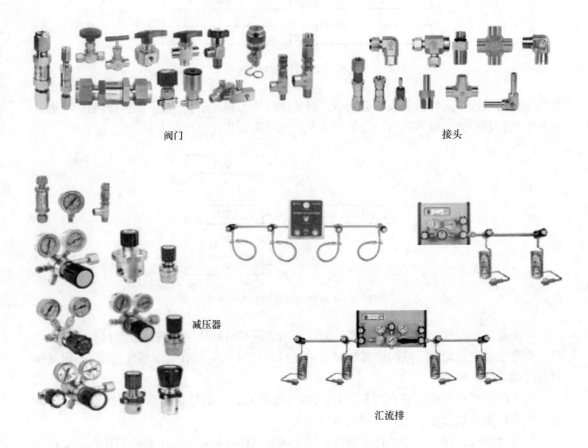

阀门　　　　　　　　　　　　　　接头

减压器

汇流排

图 5-7　实验室供气管路给配件实物

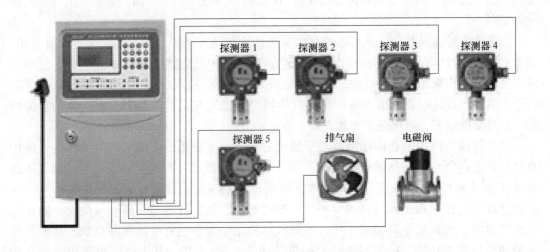

图 5-8　燃气报警装置成套示意图（1）

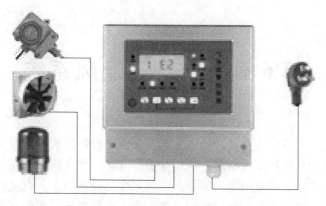

图 5-9　燃气报警装置成套示意图（2）

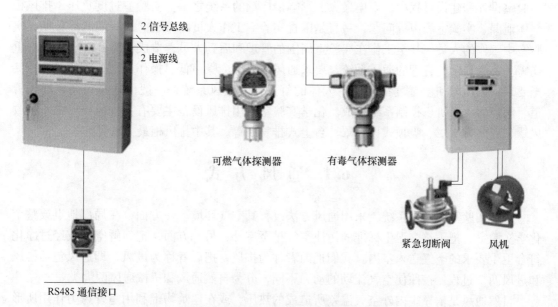

2 信号总线

2 电源线

可燃气体探测器　　　　　有毒气体探测器

紧急切断阀　　风机

RS485 通信接口

图 5-10　燃气报警装置成套示意图（3）

图 5-11　燃气报警控制器及探头实物

第6章 空调及通风系统

化学实验室是一个特殊而且复杂的地方。在我们进行各种实验过程中，难免会产生许多不利于人体健康的化学物质污染源，特别是有害气体，将其排除非常重要。因此，保持室内空气的新鲜与洁净，就显得尤为重要。通风系统的完善与否，直接对实验室环境、实验人员的身体健康、实验设备的运行维护等方面产生重要影响。实验室通风系统，是整个实验室设计和建设过程中，规模最大、影响最广泛的系统之一。实验室过度负压、排风柜气体泄漏、实验室噪声等问题，一直是困扰实验室工作人员的难题。这些问题给长期在实验室中工作的人员，甚至工作在实验室周围的管理和后勤人员，造成身体和心理上的严重伤害。一个科学、合理的通风系统，要求通风效果好、噪声低、操作简便、节约能源，甚至要求室内压差和温湿度都能保持人体的舒适性。通风系统，一般由通风设备、通风管道、消声器、风机、控制系统组成。化学实验室常用排风设备主要有：排风柜、原子吸收风罩、万向排气罩、吸顶式排气罩、台上式排气罩等。其中排风柜最为常见。

6.1 通风方式

化学实验室的通风系统，采用通风方法改善其空气环境。一方面，在局部地点或整个化学实验室，把不符合卫生标准的污浊空气排至室外；另一方面，把新鲜空气或经过净化符合卫生要求的空气送入室内。我们把前者称为排风，把后者称为进风，即通风包括排风和进风两个过程。按照使空气流动的动力不同，分为自然通风和机械通风两大类。

自然通风是依靠室内外空气温差所造成的热压，或在建筑物上利用室外风力作用所形成的压差，使室内外的空气进行交换，从而改善室内的空气环境。自然通风不需要动力，是一种经济的通风方式。但是，由于进风不能进行预处理，对于洁净度要求高的作业环境，进风通常满足不了洁净要求。排风也不能进行净化，污染周围环境。化学实验室是产生毒性较大的工作学习场所，对周围大气的影响尤为严重。此外，自然通风依靠自然风压和热压来通风，这些风压不稳定。因此，自然通风效果是不稳定的。自然通风降温效果与建筑平面布置及形式有密切关系。为了更好地提高自然通风的降温效果，一般应尽量将房屋布置成南北向，以避免大面积的墙和窗偏西晒，在我国南方炎热地区尤其如此。通风门、通风窗的布置与结构，对自然通风效果也有重大影响。普通高温车间采用天窗结构，可大大改善自然通风效果。

机械通风是依靠风机动力使空气流动进行通风换气。机械通风方法，对进风和排风都可进行处理，能对空气进行加热、冷却、加温、净化处理，而且通风参数（如通风量）可根据要求进行调节，能保证通风效果，广泛应用于各类实验室。但通风系统复杂，投资费用和运行管理费用较高。

化学实验室的通风系统，应采用机械通风方式进行设计。根据作用范围的不同，可将通风分为局部通风和全面通风。如果只对局部地点进行排风或送风，即为局部通风。如果对整个房间进行排风或送风，则为全面通风。

6.1.1 局部通风

局部通风系统又分为局部进风和局部排风两大类。它们都是利用局部气流，使局部工作地点不受有害物的污染，形成良好的空气环境。局部排风，在集中产生有害物的局部地点，设置捕集装置，将有害物排走，以控制有害物向室内扩散，这种通风方法称为局部排风。这是防毒、排尘最有效的通风方法。

局部排风系统，由局部排风罩、风管、除尘设备、净化设备和风机等几部分组成。局部排风罩常用来捕集有害物。它的性能对局部排风系统的技术经济指标有直接影响。性能良好的局部排风罩，如密闭罩，较小的风量就可以获得良好的工作效果。由于生产设备和操作的不同，排风罩的形式也是多种多样的。风管，即通风系统中输送气体的管道，它把系统中的各种设备或部件连成了一个整体。为了提高系统的经济性，应合理选定风管中的气体流速，管路应力求短、直。风管通常用表面光滑的材料制作，如薄钢板、聚氯乙烯板，有时也用混凝土、砖等材料。为了防止大气污染，当排出空气中有害物量超过排放标准时，必须用净化设备处理。当达到排放标准后，排入大气。净化设备分除尘器和有害气体净化装置两类。风机是向机械排风系统提供空气流动的动力。为了防止风机的磨损和腐蚀，通常把它放在净化设备的后面。

局部送风就是向局部工作地点送风，使局部地带形成良好的空气环境。对于面积较大、分析人员较少的实验室，用全面通风的方式改善整栋实验室的空气环境，既困难又不经济，同时也是不必要的。例如高温加热实验室，就没有必要对整个房间进行降温。只需要向操作人员的局部位置送风来保证其舒适性即可。局部送风主要用于局部降温。

送风系统又分为系统式和分散式两种。系统式送风系统就是通风系统将室外空气送至工作地点，空气经集中处理后送入局部工作区。分散式局部送风，一般使用轴流风扇或喷雾风扇，直接将室内空气吹向作业地带进行循环通风。风扇送风就是在作业点附近设置普通轴流风机进行循环吹风，加快对流散热。喷雾风扇是在通风机上装有喷雾装置的局部送风设备，即在普通轴流风机上加设甩水盘构成。喷雾风扇送风具有降温作用，雾洒落在人体表面能促进人体蒸发散热。悬浮在空气中的小雾滴还能吸收热辐射，以减轻人体受热辐射的影响。

6.1.2 全面通风

全面通风就是对房间进行通风换气，以稀释室内有害物质，消除余热、余温，使之符合卫生标准要求。全面通风的动力可以是自然风压和热压，也可以是风机风压。全面通风具体实施方法又可分为全面排风法、全面送风法、全面排送风法和全面送风-局部排风混合法等。可根据车间的实际情况采用不同的方法。

6.2 通风系统要求

参照国家标准 GB 50243—2016《通风与空调工程施工质量验收规范》、GB 50894—

2013《机械工业环境保护设计规范》和 GB 3096—2008《声环境质量标准》的相关规定，化学实验室通风系统的要求主要有：实验室的通风换气次数 8 ~ 15 次/h；支管内风速 6 ~ 8m/s；干管内风速 8 ~ 12m/s；排风柜风速一般控制在 0.3 ~ 0.8m/s，验收标准一般为 0.5m/s；室外噪声应该控制在 70dB（A）以内，实验室内噪声应该控制在 55dB（A）以内，如果不能控制在此范围内，通风系统末端必须配备消声器。通风设备设计排风量的要求见表 6-1。排风柜的柜门高度为 35~40cm 时，柜门处的表面风速为 0.5m/s。整个通风系统均为中低压系统。

表 6-1　通风设备设计排风量要求

通风设备	规　格	单台排风量/$m^3 \cdot h^{-1}$
排风柜	1800×800 型	1300 ~ 2100
排风柜	1500×800 型	900 ~ 1700
排风柜	1200×800 型	700 ~ 1300
万向排烟罩	—	300 ~ 500
原子吸收风罩	500×500 型	500 ~ 800

在通风系统中，对风机的要求是实验室通风系统风机全部采用玻璃钢离心风机，采用 A 式传动。使用玻璃钢离心风机，效率高、性能稳定可靠、维护方便、耐腐蚀、使用寿命长。

在日常工作中，化学实验室排出的气体有：酸性腐蚀性气体、有机气体。因此，制作风管的材料，首先，要具有耐腐蚀性能；其次，由于化学实验室存放着许多易燃化学试剂，该材料还要具备一定的耐火性。制作通风管道的常用材料有：普通钢板风管（Q235）、镀锌板风管、不锈钢通风管、玻璃钢通风管、PVC 塑料通风管、复合材料通风管、彩钢夹心保温板通风管、双面铝箔保温通风管、单面彩钢保温通风管和矿用塑料通风管等。能同时满足耐酸碱性和耐热性的材料有：玻璃钢通风管、PVC 塑料通风管。其中，玻璃钢通风管温度使用范围，一般在−40 ~ 80℃。PVC 塑料通风管主要成分为聚氯乙烯。加入其他成分可增强其耐热性，即非易燃性，最大耐热性可达到 200℃。如果是有机气体，则可以采用金属材料来制作。普通钢板通风管（Q235）、镀锌板通风管及不锈钢通风管都是比较理想的材料。但是，从材料的耐热性来讲，不锈钢的耐热性要高于其他普通金属材料。在管道设计时，应根据实际情况选择合适的材料。

在风管承受压力方面，由于实验室气压为常压，其气体流动压力不是很高，因此风管能够承受中低压即可。主风管厚度为 6 ~ 12mm，支风管厚度为 4 ~ 8mm，其连接方式采用插件连接或者法兰连接。

噪声会影响人们的工作、学习和休息。它是一种不需要的声音。化学实验室是人们工作和学习的地方，因此严格控制噪声对工作和学习是必要的。国家相关标准对实验室的要求是控制在 60dB（A）。在通风系统中，产生噪声的来源是风机。它是通过风机的振动传递噪声的。另外，风管的设计缺陷也能产生噪声。必要时，需要在通风系统安装消声器来降低噪声。其进口消声层厚度不小于 50mm。消声器内置玻璃丝布和超细玻璃吸声棉。可用不锈钢丝网加固，使其消声材料不易损坏和被气流吹走，以延长消声器使用寿命。另外，在风机减振方面，根据国家有关规定，城市地区对环境建筑物影响的垂直振动容许值为昼间标准小于 75dB，夜间标准小于 72dB。由于大型离心风机运行时振动较大，为使风机运行时其振动不至于影响周围环境，必须对风机采取减振措施。风机与基础之间加装橡胶减振器，厚度为 3cm，降低噪声 25~30dB。风机进风口安装减振软接头，使风机运行时所产生的噪声和振动不至于通过风管传递到实验室。风机底座为水泥基础，水泥基础的高度根据现场情况可做适当调整。在条件允许的情况下，风机基础高度不小于 20cm。

为了使各单台设备排风量达到设计要求，确保每台通风设备在单独运行时，不影响其他通风设备的正常运行，在各单元的每套排风柜上安装调风阀，在排风口设置废气净化装置，设置变频 PLC 控制系统。控制系统将依据电动调风阀开关启动的总数量，通过控制箱的计算与调配来控制变频器的输出，以调解风机上电机的转速，相应地输出适当的风量。

化学实验室所产生的气体，大部分是有毒有害的，有些还是剧毒的。如果直接排到大气中，将会导致大气环境污染，影响人们的生活和身体健康。因此，化学实验室的废气从室内排出后，需要经过废气处理系统处理，达标后才能向大气中排放。废气净化系统的装置很多，根据化学实验室的不同配置不同的废气净化系统装置。无机化学实验室所产生的废气多半是酸性气体，具有较强的刺激性，如果在大气中超标，会损伤人的呼吸系统。但这些气体都是可溶于水的，因此，可以采用水喷淋塔来净化这些酸性废气。有机化学实验室所产生的废气多半是烯烃、芳烃类的挥发性有机物，虽然其刺激性不及酸性气体，但是其毒性远远大于酸性气体。如果大气中这些废气超标，除了损伤人的呼吸系统外，严重时将损伤人的造血功能。由于该废气可以被活性炭吸附，因此有机气体可以采用活性炭吸附废气处理装置来对这些废气进行净化。不管什么废气，都需要进行净化处理。最终排出的废气必须经相关权威部门进行检测，达到国家相关允许排放标准。

6.3　通风系统设计

化学实验室通风系统可根据大楼的结构特点，本着"以人为本、安全至上"的原则进行设计。就近开设风井，并划分排风和补风系统。在设计通风系统时，首先要严格执行国家标准 GB 50243—2016《通风与空调工程施工质量验收规范》，其次，为了减小系统阻力、降低系统噪声、排风和补风系统达到风量平衡，管路系统要按照短、平、顺、直等原则进行规划设计。在该系统规划设计时，应满足防止有害气体的散溢、保证实验人员的身心健康、保证室内温湿度的舒适性等要求，实验室温度舒适性温度为 20~26℃。要想达到这一目的，化学实验室就要考虑一定的负压。一般来说，室内负压值控制在 -5~-10Pa，即可满足要求。另外，为了达到操作方便、节能降噪的目的，其通风系统可以采用智能变频控制系统。其外观设计见图 6-1。

在设计通风管时，要根据废气的理化性质来选择材料。燃点很低的无机酸性气体，如 HCl、SO_2 和 NO_2 等气体，可以采用阻燃型玻璃钢材料。易燃易爆的无机酸性气体，如 H_2S、NO 和高氯酸气体，由于在气体流动过程中会发生燃烧，产生大量热量，因此要使用耐热性较好的功能性 PVC 塑料，管壁厚度不能低于 5mm。图 6-2 为无机化学实验室通风系

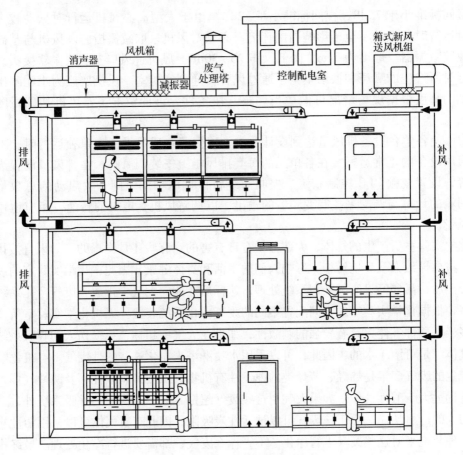

图 6-1　化学实验室通风系统

统平面图。由于有机气体对高分子非金属材料有一定的腐蚀性，根据有机物相似相溶原理，输送有机气体的通风管制作材料不宜选择此类材料，但可以采用金属材料来制作。对于燃点低的有机气体，如四氯化碳或氯仿等，可采用耐热性一般的镀锌钢板或者普通碳钢板制作。对于易燃易爆的有机气体，如甲烷、乙烯或乙炔，在气体流动过程中会发生燃烧，产生大量热量，应该选用耐热效果极佳的不锈钢材料，如 304 或 316 等，并且保证管壁厚度不低于 5mm。图 6-3 为有机化学实验室通风系统平面图。

　　为了保证化学实验室的整体美观，通风管均安装在天花板上，接至原预留风井。另外，风管在安装时要做到横平竖直。连接法兰的螺栓应均匀拧紧，其螺母在同一侧。所有风管设置必要的支、吊架，管道支架按国标加工制作并做防锈处理。为了防止共振现象出现，排风口需安装防风阀，避免排风机停止运行时外界空气倒灌入通风管内。对于室内层高不足的实验室或采用大型风管的实验室，一般采用方形风管，以便与现场空间相匹配。在满足风管要求的前提下，尽量减小风管占用空间。圆形风管采用插件连接，方形风管采用法兰方式连接。根据实际情况，也可采用插件方式连接。根据国家有关标准，中低压系统硬聚氯乙烯（PVC）圆形风管板材厚度见表 6-2。中低压系统硬聚氯乙烯（PVC）矩形风管板材厚度见表 6-3。

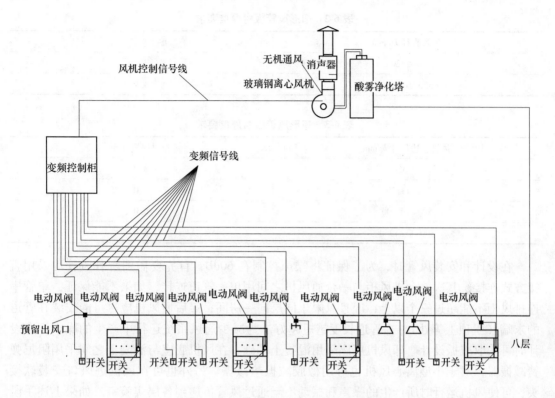

图 6-2 无机化学实验室通风系统平面图

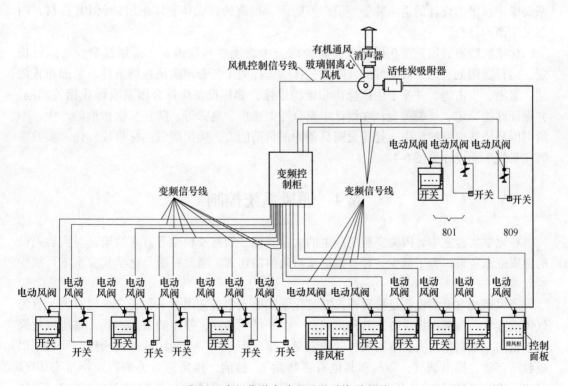

图 6-3 有机化学实验室通风系统平面图

表 6-2　圆形风管板材厚度要求

风管直径 D/mm	板材厚度/mm
D≤320	3.0
320<D≤630	4.0

表 6-3　矩形风管板材厚度要求

风管长边尺寸 b/mm	板材厚度/mm
b≤320	3.0
320<b≤500	4.0
500<b≤800	5.0
800<b≤1250	6.0

在设计和安装风管时，为了保证将噪声控制在 60dB，首先要做到所有风管均采用直接方式连接；其次一台排风柜与一台通风机之间用单一管道连接，如果不能保证，单管串连排风柜不能超过三个以上，况且只限于同层同一房间；最后通风机应尽可能安装在管道的末端（屋顶上等处），齐管道长度越短越好。为减少通风系统运行中产生的噪声，在设计时可采取减振设计。即风机底座采用混凝土基础，在风机底座与混凝土之间采用阻尼弹簧减振器，对于小型离心风机也可用橡胶减振垫减振。另外也可在风机进风口安装软接头，可使风机运行时所产生的噪声和振动不至通过风管传递到各层实验室。如果上述手段都不能满足要求，还可以在风机吸风口处加装消声器。消声器是为了降低实验室废气排放系统噪声水平而设计的消声装备。消声器防雨、抗腐蚀，壳体整体采用白色 PP 板材，内部采用消声材料。

化学实验室通风系统在设计安装时要综合考虑上述各项因素，采用投资少、运行稳定、运行费用低、运行效果好的成熟工艺；所选择的工艺必须满足现场条件，平面布置简洁、紧凑、少占地，并便于生产操作和维护维修；非标设备应符合国家或行业相关规范，并保证性能稳定、外表美观；在设计中充分考虑噪声、臭味等，防止二次污染的产生，不给周围环境造成新的污染；处理设施具备冲击负荷能力，确保废气达标排放。化学实验室通风系统平面设计见图 6-4。

6.4　通风系统控制

在化学实验室中，因为实验所产生的大量气体、烟雾及粉尘等有害物质，对实验人员的健康带来危害。为了减少这种有毒物质对人体的伤害，通风系统是化学实验室不可缺少的元素。

通风系统常见的设备是排风柜，它是化学实验室中最常用的一种安全处理有害、有毒气体或蒸气的局部排风设备。其种类繁多，由于结构不同，使用的条件不同，其排风效果也不相同。根据德国实验室通风标准的定义，排风柜是"一个封闭的通风操作空间，用以吸收、存放、排出烟气、蒸气和其他有害物质"。目前，排风柜有关的行业标准有 JB/T 6412—1999《排风柜》、JGT 222—2007《实验室变风量排风柜》和 JG/T 385—2012《无风

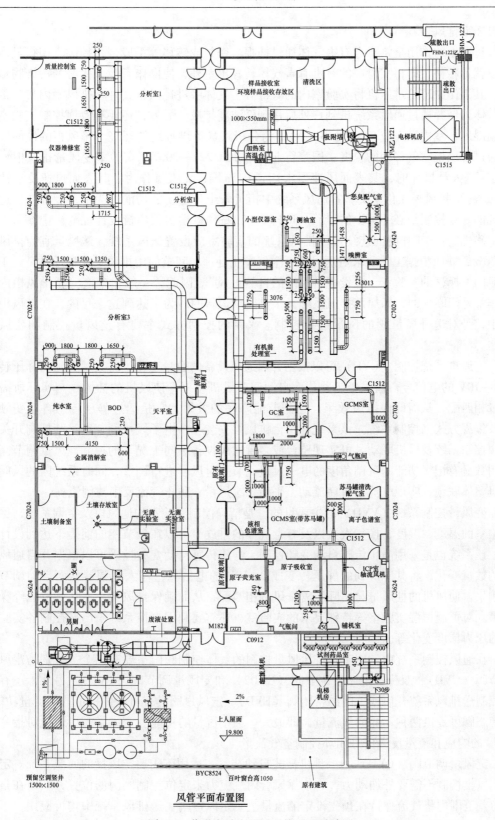

风管平面布置图

图 6-4 化学实验室通风系统平面设计图

管自净型排风柜》。

排风柜的作用是将有毒有害气体通过捕捉、密封或转移等手段进行控制。用得最多的手段就是转移，即将实验室的有毒有害气体转移出室外，使操作者吸入接触的污染物最小化。其工作原理是排风机将实验室内的有毒有害气体吸进排风柜，并在排风柜内将有毒有害气体稀释并通过通风系统排到户外后达到低浓度扩散。另外，还要有效地控制实验室内的温湿度，室内噪声应小于 58dB（A），为分析人员提供舒适的环境。排风柜的性能取决于通过排风柜空气移动的速度，国家行业标准 JGT 222—2007《实验室变风量排风柜》中规定："人员操作时，其表面风速要求达到 0.5m/s；无人操作时，其表面风速要求达到 0.3m/s。"排风柜在化学实验室通风系统中担负着十分重要的功能，为了节能降耗，通风系统的有效控制是必不可少的单元。JGJ 91—1993《科学实验建筑设计规范》中 6.3.4 条就明确规定："工作时间连续使用排风系统的实验室应设置送风系统，送风量宜为排风量的 70%，并应根据工艺要求对送风进行空气净化处理。间歇使用排风系统且排风量大于每小时两次换气的实验室，应设置有组织的自然进风"。因此，一般化学实验在排风柜内的操作常是间断性的，即局部排风系统大多是间歇运行的。为了达到这一目的，在排风柜控制中，是对送排风量阀的风量进行控制。采用的控制方式主要有定风量控制和变风量控制。

定风量系统控制（CVD）可以根据开启通风设备的数量变化，将其感应到的静压转变成 0~10V 的电信号，输入变频器从而自动调节风机频率，使风机的抽风量与实际所需排风量相匹配，从而确保排风效果，达到节能降噪的效果。它是通过静压传感自动变频或 PLC 编程方式来控制系统。该系统在每台排风柜安装一个电子风量调节阀，其控制开关和变频控制系统及风机联动，可实现单台或多台通风设备不同工况下的控制。风量调节阀可采用数显有记忆功能的可调角度的电子风量调节阀对风量进行调节，同时系统内的风阀和风机整体联锁，实现气流的有序流动、平衡系统风量、防止气流反串与倒流。

变风量控制系统（VVD）的主要目的，是精确控制实验室的通风以及空调系统，保证实验室的温度、湿度、换气次数以及有毒气体的排放等可以在最节能的前提下达到设计标准。该系统也是采用静压传感自动变频控制。静压传感自动变频控制可以根据开启通风设备的数量变化，将其感应到的静压转变成 0~10V 的电信号，输入变频器从而自动调节风机频率，使风机的抽风量与实际所需排风量相匹配，从而确保排风效果，达到节能降噪的效果。对恒温恒湿实验室等特殊要求的实验室，还需要利用自控系统来严格控制各实验室间的压力梯度变化等。

在通风控制系统中，用于送排风风量控制的气体控制阀门主要有三个，分别为定风量调节阀（CVD）、双稳态定风量调节阀（CVD2）和变风量调节阀（VVD）。另外，还有一个控制送排风系统开启或关闭的密闭阀（EVD）。定风量阀具有可提供稳定的气流量功能，双稳态阀可提供两种不同的气流量，即最大、最小流量的功能。变风量阀可通过对指令低于 1s 的响应和流量反馈信号闭环控制空气流量。

定风量调节阀（CVD）是一种机械式自动装置，适用于需要定风量的通风系统。定风量阀风量控制不需要外加动力，它依靠风管内气流力来定位控制阀门的位置，从而在整个压力差范围内将气流保持在预先设定的流量上。定风量阀在送排风系统中均可应用，工作温度一般为 10~50℃，压差为 50~1000Pa。在工作中，阀前阀后至少应有 50Pa 压差。定风量阀安装时不受位置限制，但阀片轴应保证水平，一般要求有阀门长边1.5倍距离的直线入口风管及0.5倍距离的直线出口风管。定风量阀控制效能高，有外部指针显示流量刻度，调节偏差约为±4%。

定风量阀的阀体采用镀锌钢板制成，经过定风量调节阀的风量可严格按照刻度盘标定的风量值送排风，而不受管道中静压及风量变化的影响。其调节阀阀体结构为单阀板节流形式，并根据阀前静压的变化自动调整阀位的开度，从而保证送风量的恒定。阀门采用插入或法兰式连接，并可附带电动执行器，以满足双稳态定风量调节或远程控制的要求。定风量调节阀必须保证管道静压压差为50~1000Pa。安装时对现场条件要求较低，不受位置限制，水平或垂直安装均可。在不同静压条件下，阀门流量调节偏差应小于设定风量的8%。阀门外部应有风量刻度盘以及指针显示流量刻度，可在刻度盘风量范围内任意设定风量，并能保证风量刻度与实际风量偏差在4%以内。

变风量阀是一种通过改变送风量来调节室内温湿度或压差的空调末端装置，可根据温度或压差信号，自动精确调整送风或排风风量，并实现动态测定风量适时调整。也可实现风量范围内任意某一指定风量的恒定控制。关闭时，可完全切断气流。变风量阀（VVD）的阀体材料应采用热镀锌钢板制作，叶片外圈应安装密封条，以保证风阀的气密性，当入口压力为750Pa时，风阀的漏风量不超过最大额定进风量的1%。轴承应满足抗腐蚀、抗磨损、抗老化及气密性的要求。内置压差传感器和压差控制器，能够准确设定所需压差值，当环境压差与设定压差值有偏差时阀门能够迅速做出反应，并且在3s内完成风量调节，达到既定的系统压差。变风量调节阀工作温度范围10~50℃，管道压力差范围20~1500Pa。安装时不受位置限制，水平或垂直安装均可。阀门在安装前都应该做气流测试和参数标实验，其控制偏差应在5%以内。变风量阀的表面应进行防腐喷涂，阀门控制响应时间小于1s，平衡时间小于3s，能将排风柜面风速控制在设定值的±20%范围内。排风柜上的变风量阀具有对排风柜运行状况监测的功能，在通风系统发生异常的时候，会立即报警，并可根据设置在排风柜旁的紧急按钮状态，立即将某个排风柜排风量开到最大以应付紧急状态。变风量阀应为压力无关型的风量调节控制，保证系统中多间实验室或多个排风柜同时运行时，各自独立调节、互不干扰。

目前，文丘里变风量阀是变风量通风控制系统常见的阀门，该阀门具有数显可调角度功能，并且有记忆功能，即可以记住此次调节的角度，下次打开时仍然调到设计的角度。当该阀门安装在排风柜中时，其控制开关、变频控制系统和风机联动，可实现单台或多台通风设备等不同工况下的控制。该阀门结合了机械的压力无关调节器与高速的气流控制器，将气流控制扩展至最高水平。通过空气动力学设计，阀门具有静音工作性能。快速反应的自动压力平衡装置，提供可靠的排风柜集尘与室内压力的控制。文丘里阀具有不受风管压力变化影响、风量控制范围宽（60~10000m³/h）、反应迅速（小于1s）、调节高效（偏差在5%以内）等特点。该阀和风机整体联锁，实现气流的有序流动、平衡系统风量、防止气流反串与倒流。

密闭阀（EVD）是用来开启和关闭管道的。在化学实验室通风系统中采用的是电动板式碟阀。其技术要求阀板叶片外圈应安装密封条，阀门关闭时的漏风量满足国家相关规范及标准的要求。阀体和附件的材料均采用优质镀锌钢板制作，其厚度应该大于0.6mm。该材料应该具有良好的机械加工性能，避免在零件的折弯及滚压成型过程中破坏表面镀锌层。其接缝采用焊接方式，应采取防腐措施。阀体的滚圆度应尽可能高，以保证风阀的气密性。阀门的最大承压能力不低于 1500Pa，正常运行温度为 10~50℃。

排风柜由上柜部分、台面部分、底柜部分和附属配件组成。其结构是上下式，顶部有排气孔，可安装风机。排风柜上柜中有导流板、电路控制触摸开关、电源插座等。透视窗采用钢化玻璃，可左右或上下移动，供人员操作。下柜采用实验边台样式，上面有台面、下面是柜体。台面可安装小水杯和水龙头。其中上柜部分通常有三种样式，即标准式、桌上式和落地式，见图 6-5。

标准式　　　　　　　　　　　桌上式　　　　　　　　　　　落地式

图 6-5　排风柜示意图

排风柜的材料主要有全钢、钢木、全木、铝木、塑钢和 PVC 塑料等。其台面是直接与操作者相接触的地方，由实芯理化板、不锈钢板、PVC 塑料、陶瓷等材料制成。常见柜宽为 1000mm、1200mm、1500mm、1800mm 和 2000mm 几个规格，深 700 ~ 900mm，高 1900~2400mm，可供 1~3 个人同时使用。为了方便用户清洁台面和避免毒性液体的外漏，台面部分可采用碟状设计。台面的材料必须满足耐高温及酸碱。底柜部分的材料可采用质地坚硬、耐酸碱的防火材料制作。

化学实验室常用通风设备除了有排风柜外，还有原子吸收罩、万向排气罩和桌面通风罩等设施，见图 6-6。原子吸收罩主要是用于原子吸收光谱仪的局部通风设备，要求定位安装和耐高温。其材料一般采用耐热不锈钢 304 制作。万向排气罩是适用于液相色谱、气相色谱或废气量不大且没有高温的实验。采用的模式是局部通风。其特点是安装简单、定位灵活、通风性能良好。它一般安装在中央实验台的上空，可 360° 上下前后左右调节移动，能有效保护实验室工作人员的人身安全。其材料采用优质高密度 PP 材料，具有高机械强度、耐有机化工试剂腐蚀等优点。桌面通风罩主要适用于有机化学或需要长时间蒸馏的实验室，在解决这类实验室的整体通风要求中，它是必不可少的装备之一。

图 6-6　原子吸收罩（左）、万向排气罩（中）和桌面通风罩（右）示意图

6.5 空 调 系 统

空调系统设计应满足实验室的安全性、经济性、技术先进性与安装使用维护便利等要求。实验室通风必须保证工作人员的安全和健康，即需保证排风柜入口合适的面风速，送排风阀的快速启动及风机风量的匹配，实验室内相对于建筑其他区域一定为负压，回风不可利用，全新风，并保证室内最小的换气次数。在化学实验室空调系统中，其设计着重考虑实验人员、设备及实验过程所散发的热量。另外，由于化学实验室排风设施多、排风量大，新风负荷在整个系统负荷中占据了很大的份额。因此，在设计时应准确估算人员、设备及实验过程中所需风量。对洁净度没有特殊要求的普通实验室，其空调系统按人体舒适性所需风量设计，即夏季的适宜温度为 18~28℃，冬季为 16~20℃，湿度为 40%~70%。精密仪器室要求保持恒温恒湿，以利于仪器的保养。对于棱镜光谱仪等精密仪器设备，对温度和湿度的要求更高，由于棱镜的折射率因温度而异，温度波动大时，可显著影响波长的测定准确度，所以棱镜光谱仪对环境条件要求是：温度为 20℃±5℃，相对湿度为 65%±5%。

实验室的空调方式可采用分散式空调系统和集中式空调系统。分散式空调系统又称为局部空调系统，是将空气调节设备全部分散在各个实验室内。空调器将室内空气处理设备、室内风机等冷热源与制冷剂输出系统分别集中在一个箱体内。分散式空调只向室内输送冷热载体，而风在房间内的风机盘管内进行处理。该系统的空调品种有窗式空调器、壁挂式空调器和柜式空调器三种，其中壁挂式空调器和柜式空调器又分为室外机组和室内机组两部分。目前，该空调系统应用比较广泛，大部分工厂、中小型科研院所及第三方检测机构的实验室都采用这种模式控制室温。对此，实验室人员只需要对它进行常识性了解即可。分散式空调规格型号标记的含义如下：

产品代号（家用房间空调器用字母 K 表示）：K——房间空调器；

气候类型：一般为 T1 型，T1 型气候环境最高温度为 43°，T1 型代号省略；

结构形式代号：分为整体式和分体式，整体式空调器又分为窗式和移动式，代号分别为：F——分体式房间空调器，C——窗式房间空调器，Y——移动式；

功能代号：单冷型（单冷型代号省略），R——热泵型，D——电热型，BD——热泵辅助电热型；

名义制冷量：用阿拉伯数字表示，其值取制冷量的前两位数，比如：KC-32/Y，制冷量为 3200W；

室内机组结构分类：吊顶式、挂壁式、落地式、天井式、嵌入式等，其对应的代号分别为 D、G、L、T、Q 等，即空调型号 KFR-22GW/HA 中，G 代表挂壁式，其余类型以此类推；

分体式室外机组结构代号：W-室外机；

工厂设计序号和特殊功能代号：允许用汉语拼音大写字母或阿拉伯数字表示，改进型代号分为 A、B、C、D、E 等，特殊功能：BP——变频、Y——遥控（仅限窗机）。

例如：KC-32/Y 表示窗机，单冷，制冷量为 3200W，为遥控型；KFR-28GW/BP 表示壁挂分体式变频空调器，冷暖，制冷量为 2800W。一般来说 1P（匹）的制冷量大致为

2000 大卡，换算成国际单位 W 乘以 1. 162，故 1P 制冷量为 2000×1. 162＝2324W，1. 5P 的制冷量应为 2000×1. 5×1. 162＝3486W。依次类推，则大致能判断空调的匹数和制冷量。制冷量 2200~2600W 的称为 1P（适用面积 12~18m²），3200~3600W 的为 1. 5P（适用面积 15~24m²），4500~5500W 的为 2P（适用面积 21~31m²）。在化学实验室中，对于存在通风系统及精密仪器的实验室，由于排风及仪器散热带走或者消耗一部分热量，配置空调应该按照下限来计算，即 1P 空调适用面积 12m²，如果是 30m² 的实验室应该配置 3P 的空调。对于气瓶室、标准溶液室、天平室及试剂储藏室的空调配置可以采用中间值，即 1P 空调对应 15m²。如果是 25m² 左右的房间，只需要配置 2P 空调即可。

集中式空调系统就是将所有空气处理设备，如风机、过滤器、加热器、冷却器、加湿器、减湿器和制冷机组等都集中在空调机房内，空气处理后，由风管送到各空调房里。这种空调系统热源和冷源也是集中的。它处理空气量大、运行可靠、便于管理和维修，但机房占地面积大。这个就是人们常说的中央空调。根据集中式空调系统的送风量是否变化可分为定风量系统与变风量系统。该空调系统适用于面积大、房间集中、各房间热湿负荷比较接近的实验室选用，系统维修管理方便，设备的消声隔振比较容易解决。中央空调分为大型中央空调和家用中央空调。大型中央空调一般用于大型建筑，普通家庭住宅一般使用家用中央空调。在化学实验室中，中央空调常常配置在实验大楼里，比如大型企业的中心实验室、科研机构及高校实验室等。常见的中央空调有螺杆式冷水机组、离心式冷水机组和溴化锂吸收式冷水机组。

螺杆式冷水机组是提供冷冻水的大中型制冷设备，常用于国防科研、能源开发、交通运输、宾馆、饭店、轻工、纺织等部门的空气调节，以及水利电力工程用的冷冻水。螺杆式冷水机组是由螺杆制冷压缩机组、冷凝器、蒸发器以及自控元件和仪表等组成的一个完整制冷系统。它具有结构紧凑、体积小、质量轻、占地面积小、操作维护方便、运转平稳等优点，因而获得了广泛的应用。其单机制冷量为 150~2200kW，适用于大中型建筑物。

离心式冷水机组是由离心式制冷压缩机和配套的蒸发器、冷凝器、节流控制装置以及电气表组成整台的冷水机组。其单机制冷量为 700~4200kW，适用于特大及大型建筑物。

溴化锂吸收式冷水机组以热能为动力、以水为制冷剂、以溴化锂溶液为吸收剂，制取 0℃ 以上的冷媒水，可用作空调或生产工艺过程中的冷源。溴化锂吸收式以热能为动力，常见的有直燃型、蒸汽型、热水型三类。其制冷量范围为 230~5800kW，适用于中型、大型、特大型建筑物。

第7章 消防系统

目前,不管是在国家,还是各省、市、自治区,关于消防防火都有一系列法律、法规及条例,如《中华人民共和国消防法》、国务院第 344 号令《危险化学品安全管理条例》等。化学实验室是使用危险化学品的地方,存在着火灾隐患。因此,其主管部门应多以此为依据,以落实好安全防火防范措施。

7.1 着 火 原 因

起火是一种自然现象。驯服后的火是人类的朋友,它给人类带来光明和温暖、带来文明和进步。但是,如果火失去控制,酿成火灾,就会给人民生命财产造成巨大的损失。火灾产生的浓烟中含有碳微粒、一氧化碳等有毒物质。浓烟上升速度为 3.0~5.0m/s,横向扩散速度为 0.5~1.0m/s。人体吸入体积分数为 4% 的浓烟,两三分钟内就会休克、窒息,甚至死亡。在火灾中死亡的人,大多数是由于吸入浓烟中所含的有毒气体后休克、窒息而造成的。在自然界中,火的形成需要三个条件,即可燃物、空气和火源。三者缺一不可。根据国家标准 GB/T 4968—2008《火灾分类》的规定,火灾分为 6 类。具体内容如下:

A 类火灾:固体物质火灾。这种物质通常具有有机物性质,一般在燃烧时能产生灼热的余烬。

B 类火灾:液体或可熔化的固体物质火灾。

C 类火灾:气体火灾。

D 类火灾:金属火灾。

E 类火灾:带电火灾。物体带电燃烧的火灾。

F 类火灾:烹饪器具内烹饪物(如动植物油脂)火灾。

化学实验室里集中了大量的仪器设备和化学试剂。其中,有的化学试剂属于易燃易爆的物质。另外,有时在实验过程中的化学反应,特别是有机物反应,也会产生易燃易爆物质,这些易燃易爆物质就是可燃物。如果这些物质得不到控制,遇到明火,就会引起火灾。如果这些可燃物在密闭容器或狭小空间内,遇到明火或者温度升高,就会发生爆炸。由于操作不当或者存放不安全,这些可燃物也会发生火灾或爆炸,导致人员伤亡、仪器损坏和财产损失等安全事故的发生。

化学实验室的安全事故多发生在密闭容器或狭小空间内,爆炸能量较小,一般情况不会造成建筑物的破坏。但是,燃烧会使玻璃容器、仪器损害,玻璃碎片可能使人受伤,容器内的可燃液体、气体喷溅或泄漏会加速火灾的蔓延。化学实验室化学物质种类繁多,着火的方式各有不同,使用的灭火剂不可能完全相同,扑救方式也不可能完全相同,这给扑救工作增加了困难。

化学实验室内发生的火灾有 A、B、C、D、E 类,存在的火源主要有以下几类:

（1）加热用火，如酒精灯、煤气灯、电炉和马弗炉等；

（2）电气火花着火，如电气设备各种开关、保险丝和电线接头等处在接通或断开时产生的电火花，送电过程中接触不良处产生的电火花，电动机等设备运转时产生的电弧，过电流引起的导线或保险丝产生物理爆炸火花；

（3）燃烧反应实验、失控化学反应或高温物质遇到可燃物产生的燃烧火焰，如加热过的坩埚遇到棉纱等；

（4）实验误操作时导致的燃烧热能释放。

有机实验室，由于存在大量易燃的挥发性液体，遇到明火或者火花容易着火。在这里，多数火灾事故是由于加热或处理低沸点有机溶剂时操作不当引起的。比如常见的有机试剂二硫化碳、乙醚、石油醚、苯和丙酮等，它们的闪点都比较低（见表7-1），即使存放在普通电冰箱内（冰箱最低温度−18℃，无电火花消除器），也能形成可以着火的气氛。因此，这类液体不得贮于普通冰箱内。另外，低闪点液体的蒸气只需接触红热物体的表面便会着火。其中，二硫化碳尤其危险，即使与暖气散热器或热灯泡接触，其蒸气也会着火，应该特别小心。

表 7-1　常见有机试剂的物理性质

名称	沸点/℃	闪点/℃	自燃点/℃
石油醚	40~60	−45	240
乙醚	34.5	−40	180
丙酮	56	−17	538
甲醇	68	10	430
乙醇（95%）	78	12	400
二硫化碳	46	−30	100
苯	80	−11	
甲苯	111	4.5	550
乙酸	118	43	425

7.2　预 防 火 灾

对于火灾事故，有效的防范才是正确对待事故的最佳办法。要想有效防范，首先要明确易燃物质的等级，分别制订预防事故的措施。化学实验室的易燃物体有固、液、气三种状态。

易燃固体主要有赤磷及其化合物、硝基化合物、某些氨基化合物、含硝化纤维的制品和易燃金属镁粉等。

易燃液体主要有两类：第一类是成品油、石油及其制品；第二类是醇类、酯类、醚类和醛类等有机溶剂。

易燃气体主要有煤气、氢气和乙炔等。助燃气体有空气、氧气等。

化学实验过程中产生的化学物质，有许多是具有可燃性的。尤其是有机溶剂，挥发性强、极易燃烧。对可燃有机溶剂的操作，必须在通风橱内进行，要避免有机溶剂蒸气在实验室聚集。实验室内不能存放大量有机溶剂，要有专门通风良好的储藏室。有机化学实验室，一般不得使用明火加热。比较安全的加热方式有水浴、蒸气浴、浸入式油浴、电热套和电热板等。

电烘箱和马弗炉内不可烘烤可燃物质，如滤纸、棉花和布匹等。一次烘干的器皿不能过多。不要用铝箔等分隔烘箱，要保证烘箱内的空气对流，使温控器正常工作。使用过金属钠的容器要用异丙醇或乙醇处理 2h 以上。使用时，要注意防水，空气必须干燥，避免发生强烈反应引起燃烧或爆炸。过量的金属氢化物，可以使用乙酸乙酯或丙酮销毁。严禁在开口容器或密闭体系中用明火加热有机溶剂，当用明火加热易燃有机溶剂时，必须要有蒸气冷凝装置或合适的尾气排放管路。废溶剂严禁倒入废物缸内。当废溶剂量少时，可用水冲入下水道；量大时，应倒入回收瓶内再集中处理。不得在烘箱内存放、干燥、烘焙有机物。使用氧气钢瓶时，不得让氧气大量溢入室内。在氧含量约 21% 的大气中，物质燃烧所需的温度要比在空气中低得多，且燃烧剧烈，不易扑灭。

化学实验室的安全消防系统，是防范火灾最有力的武器，该系统可采用给水系统与干冰系统相结合的方式来解决。室内消防给水系统包括普通消防系统、自动喷洒消防给水系统和水幕消防给水系统等。

化学实验室的用电设备比较多，发生火灾的情况大致可分为两类。一类是电气设备着火，即在运行过程中电气设备产生的火花遇到可燃物会发生着火；另一类是电器设备着火，即用电设备散热失败，导致仪器内部温度升高，设备内的油类物质发生燃烧。电器设备着火的特点是，着火后电器设备可能带电，如不注意可能引起触电事故。

化学实验室消防安全事故的预防措施应注意以下几点：

（1）应建立实验室防火安全责任制、实验室防火安全规程，明确职责范围，确定各岗位责任人员。实验室工作人员应进行消防安全培训，掌握各种物质火灾爆炸危险性和预防火灾的基本知识，熟悉消防标识，掌握初起火灾的扑救方法与选择适当的灭火器材对不同种类的火灾进行扑救。

（2）严格控制实验室内存放易燃易爆化学物品的量。实验室房间不能作为库存房用，大量的化学危险物品应存放在化学品专用库房。实验室内仅存放能满足实验所用的少量试剂。实验室中化学危险物品试剂要妥善保管，分类摆放。化学性质相抵触、灭火方式不同或灭火剂不同的化学物品应分架摆放，禁止将易挥发试剂放入冰箱或随意遗弃。

（3）化学实验室必须设置通风橱，有特殊要求的化学实验应在通风橱内进行，并及时排出室内可燃气体与有毒气体。

（4）易燃易爆物质使用量大或易失去控制发生火灾爆炸的实验，应在专用的实验室内进行。易燃液体加热时，尽量防止明火加热，可选用水浴、油浴等间接加热方式。室内地面应为不发生火花的地面。电气线路、开关电气设备均应达到相应的防爆要求，还可以安装相应的浓度监测与报警装置。部分实验应规定操作人员着防静电服装，消除人体静电的危害。

（5）化学实验室火灾引发具有多样性。实验室配置的灭火器、灭火毯和消防沙等器材，其种类和数量应该较多。化学实验室应禁止吸烟，动用明火应检查明火点距可燃物的间距，并采取相应措施以确保安全。

万一不慎失火，切莫惊慌失措，应沉着冷静。首先关闭总电源，再采用合适的灭火器材处理。实验人员只要掌握必要的消防知识，都可以迅速灭火。化学实验室一般不用水灭火！这是因为水能和一些药品（如钠）发生剧烈反应，用水灭火时会引起更大的火灾甚至爆炸，并且大多数有机溶剂不溶于水且比水轻，用水灭火时有机溶剂会浮在水上面，反而扩大火场。

7.3　预 防 爆 炸

爆炸是指物质在一定外界因素的激发下，瞬间产生激烈的体积变化并释放出大量的能量和气体的一种现象。爆炸事故，是生产、科研活动中最常见的事故之一，极易造成人身伤亡，因而它是一种十分严重的灾害事故。爆炸事故主要有以下三种类型：一是物理爆炸，如因内部压力过高压力容器破裂而发生的爆炸；二是化学爆炸，如氧化剂与可燃剂接触或雷管、炸药一类化学物品在一定条件下发生的爆炸；三是物理化学爆炸，如在化工生产或化学实验中，因技术条件控制不好使容器中物料膨胀加速或温度上升，导致压力过大，超过容器强度极限而发生的爆炸。

在化学实验室，尤其是有机化学实验室，常用的多是一些易燃、易爆的物质或其混合物。使用这些物质时，最重要的就是不能有大量易燃或易爆物质的压力及热的积累和突然释放。

实验室发生爆炸事故的原因大致如下：

（1）随便混合化学药品。在受热、摩擦或撞击时，氧化剂和还原剂的混合物会发生爆炸。

（2）在密闭体系中进行蒸馏、回流等加热操作。

（3）在加压或减压实验中，使用不耐压的玻璃仪器；气体钢瓶的减压阀失灵。

（4）反应过于激烈而失去控制。

（5）易燃易爆气体，如氢气、乙炔等烃类气体、煤气和有机蒸气等大量逸入空气，引起爆燃。

（6）一些本身容易爆炸的化合物，如硝酸盐类、硝酸酯类、三碘化氮、芳香族多硝基化合物、乙炔及其重金属盐、重氮盐、叠氮化物、有机过氧化物（如过氧乙醚和过氧酸）等，受热或被敲击时会爆炸。强氧化剂与一些有机化合物接触，如乙醇与市售硝酸混合时，会发生猛烈的爆炸反应。

（7）搬运钢瓶时不使用钢瓶车，而让气体钢瓶在地上滚动；或撞击钢瓶表头、随意调换表头；或气体钢瓶减压阀失灵等。

（8）在使用和制备易燃、易爆气体，如氢气、乙炔等时，不在通风橱内进行；或在其附近点火。

（9）煤气灯用完后或中途煤气供应中断时，未立即关闭煤气龙头；或煤气泄漏时未停止实验，即时检修。

（10）氧气钢瓶和氢气钢瓶存放在一起。

在化学实验室内，实验操作不规范、粗心大意或违反操作规程都能酿成爆炸事故。例如配制溶液时，错将水倒入硫酸里；或者配制氢氧化钠溶液时，未等溶液冷却就将瓶塞塞住摇动都会发生爆裂现象。在减压蒸馏实验时，若使用平底烧瓶或锥形瓶作蒸馏瓶或接收瓶，因其平底处不能承受较大的负压而发生爆炸。在对四氢呋喃、乙醚等进行蒸馏时，由于这类试剂放久后会产生一定量的过氧化物，在对这些物质进行蒸馏前，浓缩到一定程度或蒸干易发生爆炸。在制备和检验氧气时，气体中混有其他易燃气体。例如氧气制备、氢气制备，实验中若操作不慎易发生爆炸。金属钾、钠、白磷遇火都易发生爆炸。

化学实验室发生爆炸，其毁坏力极大，危害十分严重，瞬间殃及人身安全。为预防爆炸事故发生，凡是有爆炸危险的实验，都应安排在专门防爆设施（或排风框）中进行。高压实验必须在远离人群的实验室中进行。在实验过程中，应使用防护屏或防爆面罩。在点燃氢气、CO 等易燃气体之前，必须先检查并确保纯度。另外，银氨溶液不能留存。某些强氧化剂（如氯酸钾、硝酸钾、高锰酸钾等）或其混合物不能研磨，否则都会发生爆炸。钾、钠应保存在煤油中，而磷可保存在水中，取用时用镊子取出。一些易燃的有机溶剂要远离明火，用后立即盖好瓶塞。绝不允许随意混合各种化学药品，如高锰酸钾和甘油。

如果发生爆炸事故，首先将受伤人员撤离现场，送往医院急救。同时，立即切断电源，关闭煤气和水龙头，并迅速清理其他易燃易爆物品，以防止引发其他着火、中毒等安全事故的发生。

为了防止爆炸伤害，在思想上必须做到对爆炸事故的性质、危害有足够的认识，从而引起高度的警觉。加强对化学物品的保管、使用和储存的管理，做好实验设备特别是压力容器的定期检验。参加实验时，必须严格遵守操作规程和操作步骤，在教师或实验人员的指导下顺利完成实验。在与爆炸物品接触时，要做到"七防"：防止可燃气体粉尘与空气混合、防止明火、防止摩擦、防止撞击、防止电火花、防止静电放电、防止雷击、防止产生化学反应。

在化学实验中，为了避免上述事故的发生，尽量选用较为安全的试剂。在使用爆炸性物质时，采用少量多次原则，同时要防备有爆炸和着火危险的化学反应，即先进行多次小规模实验，然后逐步放大。易燃、易爆物品周围禁止有可燃物质，同时要注意防止易爆物品突然振动和过热。对于放热反应，添加反应物要逐步进行，少量多次。有机溶剂的蒸馏和回流，要避免过热和暴沸现象的发生。

7.4 消防器材及标识

消防器材是指用于灭火、防火以及处理火灾事故的专用器材。消防器材分为灭火类和报警类。化学实验室常见的灭火类消防器材为灭火器、消火栓、破拆工具和其他消防系统。

消防器材中的灭火器，常见的有消防沙、灭火毯、水基型灭火器、二氧化碳灭火器、七氟丙烷灭火装置、干粉灭火器和泡沫灭火器等。消火栓包括室内消火栓和室外消火栓。室内消火栓系统包括室内消火栓、水带、水枪。室外消火栓包括地上和地下两大类。破拆工具包括消防斧和切割工具等。其他消防系统有自动喷水灭火系统、防排烟系统、防火分隔系统、气体灭火系统和应急疏散系统等。

报警类消防器材，常见的有火灾探测器、报警按钮、报警器、火灾报警控制器和多功能报警器。火灾探测器具体包括感温火灾探测器、感烟火灾探测器、复合式感烟感温火灾探测器、紫外火焰火灾探测器、可燃气体火灾探测器、红外对射火灾探测器。报警按钮包括手动火灾报警按钮、消火栓按钮。报警器包括火灾声报警器、火灾光报警器和火灾声光报警器。火灾报警控制器包括报警主机、CRT 显示器、直接控制盘、总线制操作盘、电源盘、消防电话总机、消防应急广播系统。多功能报警器的主机主要由八路无线和四路有线防区组成，即可以连接有线探头、有线门磁、有线煤气探测器。可以使用遥控器进行操纵，拥有多种操纵方式，可以使用电话机对系统进行操纵，也可以在别处用电话进行操纵，可以及时将各种报警信号以数字的形式传至报警中央，还可以设置六路电话号码。该器材具有抗干扰和防雷击特性。化学实验室常见的消防器材介绍如下：

（1）消防沙。消防沙是消防所用专用沙，其成分为建筑所用的干燥黄沙，消防沙不宜用普通沙代替。这是因为普通沙比较稀疏，而消防沙密度高，透气性小，对泄漏物料具有吸附和阻截作用，它主要用于扑灭油制品和易燃化学品之类的火灾。比如对高温液态黏稠或酸碱性物料，可以借助其吸附作用防止液态物料泄漏，借助其阻截作用将着火物料与空气隔离达到灭火目的。消防沙箱是用来储存消防沙的，见图 7-1 和图 7-2。发生火灾时，将消防沙撒在着火处，将火与空气隔离，达到灭火目的。干沙对于扑灭金属材料起火，特别安全有效。平时经常保持沙箱干燥，切勿将火柴梗、玻璃管、纸屑等杂物随手丢入其中。该器材在化学实验室中的放置区域为化学分析室。

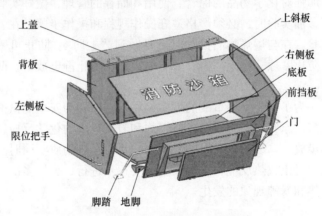

图 7-1　消防沙箱剖析

图 7-2　消防沙箱实物

（2）灭火毯。灭火毯又称消防被、灭火被、防火毯、消防毯、阻燃毯或逃生毯。它是由玻璃纤维、陶瓷纤维和石棉等材料，经过特殊处理编织而成的织物。它不导电，能起到隔离热源及火焰的作用，可用于扑灭油锅火或者披覆在身上逃生，常用于电路及电器灭火。各种灭火毯示意见图7-3。着火时，将灭火毯包盖在着火处，将火与空气隔离即可。灭火毯经常用来扑灭局部小火，必须妥善安放在固定位置，不得随意挪作他用，使用后必须归还原处。该器材常用于各仪器分析室。其规格尺寸有1000mm×1000mm、1200mm×1200mm、1500mm×1200mm和1800mm×1200mm。

电焊切割防火毯　　　　玻璃纤维灭火毯　　　　陶瓷纤维灭火毯　　　　石棉灭火毯

图7-3　各种灭火毯示意图

　　（3）水基型灭火器。水基型灭火器是一种适用于扑救易燃固体或非水溶性液体的初起火灾，但不可扑救带电设备火灾的灭火器。该器材主要有水基型泡沫灭火器和水基型水雾灭火器。水基型灭火器的灭火机理为物理性灭火器原理。灭火剂主要由碳氢表面活性剂、氟碳表面活性剂、阻燃剂和助剂组成。灭火剂对A类火灾，具有渗透的作用，如木材、布匹等。灭火剂可以渗透到可燃物内部，即便火势较大未能全部扑灭，其药剂喷射的部位也可以有效地阻断火源，控制火灾的蔓延速度；对B类火灾，具有隔离作用，如汽油及挥发性化学液体，药剂可在其表面形成长时间的水膜，即便水膜受外界因素遭到破坏，其独特的流动性可以迅速愈合，使火焰熄灭，故水基型（水雾）灭火器具备其他灭火器无法媲美的阻燃性。水基型灭火器不受室内、室外、大风等环境的影响，灭火剂可以最大限度地作用于燃烧物表面。该灭火器现广泛应用于油田、油库、轮船、工厂、商店等场所，是预防火灾发生、保障人民生命财产安全的必备消防装备。现在国家提倡使用水基型灭火器，该型灭火器可扑灭一般的家庭电器引起的火灾。该器材的优点是绿色环保、轻便；灭火使用后，80%的药剂可进行生物降解，不会对周围设备、空间造成污染；高效阻燃、抗复燃性强；灭火速度快，具有极强的渗透性，可灭深层次火灾。手提式水雾灭火器不同于传统灭火器，有红、黄、绿三色可以选择。手提式水雾灭火器的瓶身顶端与底端配置有纳米高分子材料，在夜间能发光，以便夜间起火时，人们第一时间找到灭火器。水基型灭火器示意见图7-4。

　　（4）二氧化碳灭火器。二氧化碳灭火器是化学实验室最常使用也是最安全的一种灭火器，见图7-5。该灭火器是在加压时，将液态二氧化碳压缩在小钢瓶中，灭火时再将其喷出，有降温和隔绝空气的作用。二氧化碳灭火器具有流动性好、喷射率高、不腐蚀容器和不易变质等优良性能，主要用于扑救贵重设备、档案资料、仪器仪表、600V以下电气设备及油类的初起火灾。该器材适合于B类和C类火灾，常用于精密仪器室、化学实验室和试剂储藏室。使用时，一手提灭火器，一手握在喷CO_2的喇叭筒的把手上，打开开关，即

图 7-4　水基型灭火器示意

有 CO_2 喷出。应当注意，喇叭筒上的温度会随着喷出 CO_2 气压的骤降而骤降，故手不能握在喇叭筒上，否则手会被严重冻伤。

图 7-5　二氧化碳灭火器实物

（5）泡沫灭火器。泡沫灭火器的灭火原理，是在灭火时喷射出大量二氧化碳及泡沫，它们能粘附在可燃物上，使可燃物与空气隔绝，达到灭火的目的。泡沫灭火器分为手提式泡沫灭火器、推车式泡沫灭火器和空气式泡沫灭火器三种。泡沫灭火器存放应选择干燥、阴凉、通风并取用方便之处，不可靠近高温或可能受到曝晒的地方，以防止碳酸分解而失效。冬季要采取防冻措施，以防止冻结。并应经常擦除灰尘、疏通喷嘴，使之保持通畅。手提式泡沫灭火器见图 7-6 左，推车式泡沫灭火器见图 7-6 右。该类器材适用于 A 类和 B 类火灾，各个实验室都可以配置。

（6）洁净气体灭火器。洁净气体灭火器主要采用七氟丙烷和 IG541 作灭火剂。七氟丙烷是一种以化学灭火为主，兼有物理灭火作用的洁净气体灭火剂。它无色、无味、低毒、不导电、不污染被保护对象，不会对财物和精密设施造成损坏；能以较低的灭火浓度，可靠地扑灭 B 类、C 类火灾及电器火灾；储存空间小，临界温度高，临界压力低，在常温下可液化储存；释放后不含粒子或油状残余物，对大气臭氧层无破坏作用（ODP 值为零），

图 7-6　泡沫灭火器实物

符合环保要求；在大气层中的停留时间可达 42 年，是目前代替 1301 和 1211 的最理想产品，见图 7-7 左。IG541 混合气体灭火剂，是由大气层中的氮气（N_2）、氩气（Ar）和二氧化碳（CO_2）三种气体，分别以体积分数 52%、40%、8% 相混合而成的一种灭火剂。它的三个组成成分均为大气基本成分，使用后以其原有成分回归自然，是一种绿色灭火剂，见图 7-7 右。该灭火剂具有无色无味、不导电、无腐蚀、无环保限制，在灭火过程中无任何分解物。洁净气体灭火器适用于 B 类、C 类、D 类火灾，即电气火灾、固体表面火灾、液体火灾、灭火前能切断气源的气体火灾。

图 7-7　洁净气体灭火器示意图

　　（7）干粉灭火器。干粉灭火器主要由活性灭火组分、疏水成分、惰性填料组成。疏水成分主要有硅油和疏水白炭黑。惰性填料种类繁多，主要起防振实、防结块、改善干粉运动性能、催化干粉硅油聚合以及改善与泡沫灭火剂的共容等作用。按照充装干粉灭火剂的种类可以分为普通干粉灭火器和超细干粉灭火器。灭火组分是干粉灭火剂的核心，能够起到灭火作用的物质主要有磷酸铵盐、碳酸氢钠、氯化钠和氯化钾等。化学实验室常用的有磷酸铵盐和碳酸氢钠干粉灭火剂。干粉灭火器可扑灭一般火灾，还可扑灭油、气等燃烧引起的失火。磷酸铵盐适合于 A 类、B 类、C 类火灾，即 ABC 型。碳酸氢钠适合 B 类、C 类火灾，即 BC 型。干粉灭火器，按移动方式分为手提式（见图 7-8）、背负式和推车式三种。

图 7-8　干粉灭火器示意图

（8）室内消火栓。室内消火栓是室内管网向火场供水，带有阀门的接口，为工厂、仓库、高层建筑、公共建筑及船舶等室内固定消防设施。通常安装在消火栓箱内，与消防水带和水枪等器材配套使用。在化学实验室中，该类器材一般放置在走廊里，每个走廊至少配置两个，见图 7-9。

图 7-9　室内消火栓示意图

化学实验室常见的消防标识是用于表明消防设施特征的符号。它是用于说明建筑配备各种消防设备、设施及标志安装的位置，并引导人们在发生事故时采取合理正确的行动示意。其主要内容包括消防设施标识、危险场所及部位标识和安全疏散标识。因此，在发生火灾时，化学实验室应该根据消防标识选择正确的处置办法。消防标识具体内容见表7-3。

化学实验室一旦失火，首先需采取措施防止火势蔓延。应立即切断电源、熄灭附近所有火源（如煤气灯）、移开易燃易爆物品，并视火势大小，采取不同的扑灭方法。对在容器中（如烧杯、烧瓶、热水漏斗等）发生的局部小火，可用石棉网、表面皿或木块等盖灭。有机溶剂在桌面或地面上蔓延燃烧时，不得用水冲，可撒上细沙或用灭火毯扑灭。对钠、钾等金属着火，通常用干燥的细沙覆盖，严禁用水和 CCl_4 灭火器，否则会导致猛烈的爆炸，也不能用 CO_2 灭火器。若衣服着火，切勿慌张奔跑，以免风助火势。化纤织物应立即除掉。一般小火可用湿抹布、灭火毯等包裹使火熄灭。若火势较大，可就近用水龙头浇灭。必要时，可就地卧倒打滚，一方面可防止火焰烧向头部，另一方面在地上能压住着火处，使其熄火。若因冲料、渗漏、油浴等引起反应体系着火时，情况比较危险，处理不当会加重火势。扑救时，必须谨防冷水溅在着火处的玻璃仪器上，必须谨防灭火器材撞破玻璃仪器，造成严重的泄漏而扩大火势。有效的扑灭方法，是用几层灭火毯包住着火部位，隔绝空气使其熄灭。必要时，在灭火毯上撒些细沙。若仍不奏效，必须使用灭火器，由火场的周围逐渐向中心处扑灭。

电器及其设施着火后，首先要设法切断电源。由于受潮或烟熏，开关设备绝缘能力降低，因此，拉闸时最好用绝缘工具操作。高压设备应先断开断路器，而不应先操作隔离开关切断电源；低压设备应先操作磁力启动器，而不应先操作闸刀开关切断电源，以免引起弧光短路。切断电源的地点要选择适当，防止切断电源后影响灭火工作。剪断电线时，不同相电线应在不同部位剪断，以免造成短路。剪断室中电器电线时，剪断位置应选择在电源方向的支持物附近，以防止电线剪断后落下来造成接地短路或触电事故。

有时为了争取灭火时间，来不及断电或因其他原因不允许断电，则需带电灭火。应选择七氟丙烷灭火器进行灭火。该灭火剂是不导电的，对设备也不会造成污染，可用于带电灭火。但一般七氟丙烷灭火器能力较小，适用于扑灭电气初期起火。对于起火范围大、火势猛的情况，需采用干粉灭火器灭火。泡沫灭火器的灭火剂（水溶液）具有导电性，禁止对电气设备进行带电灭火。采用喷雾水枪适宜灭火时，通过水柱的泄漏电流小，带电灭火比较安全。对架空线路等空中设备进行灭火时，人体位置与带电体之间的偏角不能超过45°，以防导线断落伤人。如遇带电导体断落于地面，要划出一定的警戒区，防止跨步电压伤人，人体与带电体之间要保持必要的安全距离。

7.5 化学实验室消防系统设计

必要时，实验楼、库房等建筑物应设立室外消防给水系统。该系统由室外消防给水管道、室外消火栓、消防水泵等组成。应对距消火栓以及消防水池最近处的消防泵进行试压实验。仪器室不能用喷水灭火，避免喷水损坏仪器，应采用干冰灭火。灭火器设于走廊内，每个消火栓的控制保护范围为 15m。

通风管道经过防火分区的地方，无论是墙面还是结构楼层，都须配防火闸。防火闸启动后必须可以复位。风量小于 $7m^3/s$ 的空调机组、统一防火分区的空调机组以及满布喷淋的建筑，无需设风管烟气探测。风管烟气探测为光电式，并与大楼火灾报警系统联动，同时能关闭空调机组。每个实验室模块均有热感或烟感火警探头，与中央火警系统连接，配声光报警，最好与当地消防机构联网，消防人员可根据声光报警的信号及时找到火警的位置并马上作出反应，以保证安全。

有火灾及爆炸危险的实验室，应设置在独立的实验楼内。实验楼宜采用单层或底层建筑，并与周边建筑保持足够的防火间距。实验楼内实验室的布置，应按照"危险优于一般，有机优于无机"的原则进行布局。当某一实验室发生紧急事故时，保证能够尽量减少或免除对四周与上、下层实验室的影响，实现人员的安全疏散与对事故范围迅速而有效的控制。一些特别危险的高危实验室，如氢气实验室和高压釜实验室，应设置在实验楼的底层靠外墙部分，并应设置独立的出入口。实验楼至少应设两个对外出入通道，每一层楼也至少应有两个出入口。每个实验室应设两个出口，面向走廊，间距应尽量远。门的宽度不宜小于 90cm，由室内任一工作点至出口门的距离不超过 25m，这是因为一个身体健康的成年人正常行走速度在 1.75~2m/s 不等，平均跑动速度为走动速度的 3~5 倍；按照人的这个特性，人可在 3s 内跑出室外或者撤离危险区。面积不大的实验室（例如 6m×6m），一个出口可与邻接的实验室相通，但另一出口必须面向走廊。面积较大的实验室，它的两个或两个以上出口均应面向走廊或靠近楼梯口。

实验室的照明电源与实验设备电源必须分开，并配备总、分电源开关，电源开关应尽量远离水源，所有电器开关、插座必须采用防爆结构。实验设备电源应有两孔和三孔的，且具有保护盖插座，安置在各需要处，并侧向安装，避免因液体的溅入而短路。

实验室要求新鲜空气必须全部来自室外，然后全部排出室外，化学排风柜的排气不得在室内进行空气循环。排风柜有上部排风式、下部排风式和上下同时排风式。选择排风柜时，可根据所排出物质的性质决定，如果排出物质较空气重时，可选择下部排风式；如果排出物质较空气轻时，选择上部排风式；如果排出物性质不稳定时，选择上下同时排风式，并根据实际情况调节上下排风量的比例。另外，排风柜不能作为唯一的室内排风设施，局部可能产生危险物质的仪器上方还应该设置排气罩进行局部排风。排风柜的台面最好是用水泥台面，如果采用木质材料，应该进行防水阻燃技术处理，使其能够耐一定的高温。

实验室内，两实验桌间前后的净距离，双人单侧操作时，不应小于 60cm；四人双侧操作时，不应小于 130cm；超过四人，双侧操作时，不应小于 150cm。实验室中间纵向走道的净距离，双人单侧操作时，不应小于 60cm；四人双侧操作时，不应小于 90cm。实验桌端部与墙面（或突出墙面的内壁柱及设备管道）的净距离，不应小于 55cm。

实验室中应设置小型储藏柜，放置短时期内需使用的化学试剂。储藏柜应有良好的耐火性能，通风适当，备有必要的安全色标，以保证试剂与危险毒物的储藏安全可靠。实验室自存的危险毒物品数量应严格控制，非工作必需者不应储存，更不应久放不用。根据实验需要，实验室需要敷设水、电、煤气、压缩空气等管道。管道材料应具备一定的化学稳定性，管线之间应保持一定的间隔。煤气、过热蒸汽、压缩空气的阀门，应该漆成不同的颜色，或做成不同的形状，避免混淆。阀门的开关位置应易识别，一看就可以辨出是开还是关。控制电、煤气、压缩空气、过热蒸汽等线路或管道的安全总闸，应设在实验室的外面。

化学药品应按性质分类存放，并采用科学的保管方法。药品存放主要遵循活泼金属与酸分开、强氧化剂与还原剂分开、酸与碱分开、固体与液体分开、易挥发物质密封存放以及特殊化学品特殊放置。如金属钠、钾应放在煤油中；金属锂保存在石蜡中；白磷存放在水中；氯酸钾、硝酸铵不要与可燃物混放，要放在平稳的地方，以防爆炸；酒精等易燃物应密封且远离火源；见光易分解变质的物质（如硝酸、硝酸银等）装入棕色瓶中，并放置阴冷处；碘应贮存在石蜡封口的容器中；氢氟酸应存放在塑料瓶中；碱存放于带橡皮塞的试剂瓶中；溴用水封保存。

根据技术规范，实验楼应配备必要的灭火设备，包括室内外消火栓、泡沫灭火器、二氧化碳灭火器、干粉灭火器、七氟丙烷灭火器、灭火毯和沙箱等。实验室走廊应该配置室内消火栓，配置要求按照国家标准 GB 50974—2014《消防给水及消火栓系统技术规范》中的规定执行。每间实验室内，均应配备与火灾类型相适宜的小型灭火器，并悬挂在室内。具体配备哪种灭火器，应根据实验室内物品的危险性质来决定。在进行灭火器数量配置时，需要根据各个实验室的危险等级确定。根据国家标准 GB 50140—2005《建筑灭火器配置设计规范》中的规定，有贵重或可燃物多的实验室为严重危险级，一般实验室为中危险级，其余为轻危险级。化学分析室、高温室、气瓶室和试剂储藏室符合严重危险级，其灭火器数量应该按照严重危险级配置，配置数量为 3 个。其余实验室为一般实验室，按照中危险级配置灭火器，配置数量为 2 个。另外，在走廊上应设较大型的灭火器、室内消火栓和沙箱等。室内消火栓应附可调喷雾头（如双级离心喷雾头），用以扑救油类和一些易燃有机溶剂等物质导致的火灾。每个实验室至少还应有一床灭火毯，当有人身上衣物着火时，可用灭火毯及时扑灭。有条件的还可设置防火衣，用以及时开展灭火与救人工作。每一楼层应设若干过滤式防毒面具或隔离式防毒面具。其容量应可供呼吸 30min。从事剧毒气体操作的实验室，应设报警器。遇有毒气外泄事故，可及时向附近的实验室发出警报。报警器可为电铃或汽笛。实验楼应配备应急电源，一旦停电，可保证疏散通道与重要场所的照明需要以及事故应急设施的用电要求。应急电源分备用发电机与备用蓄电池两种。备用发电机应能远距离起动，或设自动起动装置。在实验过程中，为了防止由于停电而引起的危险，应由备用发电机保证供电，且应在停电 45s 内保证照明需要，照度可为正常情况下的 1/8 左右。疏散通道、安全出口和楼梯的事故照明和安全疏散指示灯，可用备用蓄电池供电，照度应不低于 1lx。在可能产生事故的仪器设备附近，控制室、疏散通道两侧的墙面上，安全出口的上顶部、楼梯口和走道的拐角处，应重点设置事故照明灯，在各种消防设施上需要配置醒目的标志（标志识别见表 7-2）。在安全出口、疏散通道等处，还应设置安全疏散指示灯，使疏散的人员能在出现紧急事故的情况下得以迅速疏散。精密仪器室气体自动灭火系统设计示意见图 7-10。

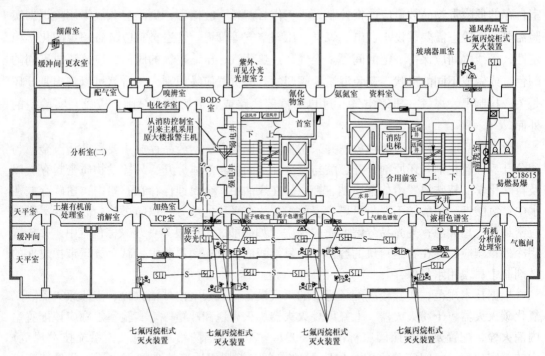

图 7-10　精密仪器室气体自动灭火系统设计示意图

表 7-2　消防安全"三提示"标识

序号	标志图例	名　称	设置说明
1		消防手动报警按钮标志	设置在手动火灾报警按钮附近，标明名称和使用方法
2		火警电话标志	设置在显著位置或者报警电话附近，标明在发生火灾时报警电话

序号	标志图例	名　称	设置说明
3		发声警报器标志	设置在发声警报器或其启动装置附近
4		消防梯标志	设置在消防梯附近，标明消防梯的位置
5	消防电梯　火警时非消防人员请勿乘用	消防电梯标志	设置在消防电梯口，标明消防电梯的位置
6	消防专用　消火栓水泵接合器	消火栓水泵接合器标志	设置在消火栓水泵接合器或附近的墙面上，标明名称和供水系统

续表 7-2

序号	标志图例	名　称	设置说明
7	消防专用 喷淋水泵接合器	喷淋水泵接合器标志	设置在喷淋水泵接合器或附近的墙面上，标明名称和供水系统
8		消防水带标志	设置在消防水带附近位置
9		灭火器标志	设置在灭火器存放的位置
10		地下消火栓标志	设置在室外地下消火栓附近或墙面上

序号	标志图例	名　称	设置说明
11		地上消火栓标志	设置在室外地上消火栓附近或墙面上
12		防火卷帘地面标志	设置在防火卷帘下方地面上，标明防火卷帘下方禁放物品
13		防火卷帘按钮标志	设置在防火卷帘按钮旁边，标明操作方法
14		防火门标志	设置在防火门附近或上面，提示常闭防火门保持关闭（结合单位实际，标识既可为横向也可为纵向）

序号	标志图例	名　称	设置说明
15	消防水池300立方	消防水池标志	设置在消防水池醒目位置，标明取水口、容积、维护保养责任人
16		灭火设备标志	设置在灭火设备附近，标明灭火设备位置。一般搭配其他文字说明
17	报警阀组　测试方法	报警阀组标志	设置在湿式报警阀组附近，标明测试方法
18	末端试水　测试方法	末端试水标志	设置在末端试水装置附近，标明测试和操作方法等

序号	标志图例	名 称	设置说明
19		机械排烟口标志	设置在机械排烟系统的排烟口、排烟阀附近适当位置，标明禁止遮挡
20		正压送风口标志	设置在机械防烟系统的正压送风口附近适当位置，标明禁止遮挡
21		消防稳压泵标志	设置在消防稳压泵附近，标明稳压泵注意事项和稳压泵的位置
22		电梯提示标志	设置在电梯口

序号	标志图例	名 称	设置说明
23	**气压罐**	气压罐标志	设置在气压罐上
24	**电脑CRT主机显示屏**	电脑 CRT 主机显示屏标志	设置在电脑 CRT 主机适当位置
25	**双回路电源**	双回路电源标志	设置在双回路电源适当位置
26	**防火卷帘控制柜(1)**	防火卷帘控制柜标志	设置在防火卷帘控制柜上，数量多时编号
27	**消防报警联动主机控制柜**	消防报警联动主机控制柜标志	设置在消防报警联动主机控制柜上
28	**消防广播控制柜(1)**	消防广播控制柜标志	设置在消防广播控制柜上
29	**消防排烟阀控制柜(1)**	消防排烟阀控制柜标志	设置在消防排烟阀控制柜上

序号	标志图例	名　称	设置说明
30	消防正压风机控制柜	消防正压风机控制柜标志	消火栓泵控制柜、喷淋控制柜、配电室、消防水箱、消防电话插孔、消防排烟控制柜、消防送风控制柜等设施的标识，参照此图样式制作。结合单位实际，标识既可为横向也可为纵向
31	消防专用 湿式报警阀 责任人____	湿式报警阀标志	设置在湿式报警阀或附近的墙面上
32	消防专用 喷淋泵 责任人____	喷淋泵标志	设置在喷淋泵或附近的墙面上
33	消防专用 水力警铃	水力警铃标志	设置在水力警铃附近的墙面上

序号	标志图例	名　称	设置说明
34	紧急疏散图 Emergency Evacuation Guide Map	总平面布局标志	设置在单位显著位置，标明单位的消防水源、消防车通道、消防安全重点部位、安全出口和疏散路线、主要消防设施位置等内容
35		疏散指示图标志	设置在房门后中上部或每个楼层显著位置，标明本层疏散路线、安全出口、室内消防设施位置等内容
36	紧急出口 Emergency Exit	紧急出口标志	设置在安全出口的显著位置，说明安全出口位置和方向
37	安全出口 EXIT	地面辅助疏散标志	设置在疏散走道和主要疏散路线的地面上，能保持视觉连续的灯光或蓄光疏散指示标志

序号	标志图例	名　称	设置说明
38		禁止锁闭标志	设置在安全出口旁边，标明严禁锁闭
39		防火间距标志	设置在建筑物墙面上，标明"防火间距"字样及宽度，提示严禁占用
40		消防车道标志	设置在消防车道两侧墙面上，标明宽度，提示严禁占用
41		易燃易爆场所禁带火种标志	设置在易燃易爆场所显著位置，提示该场所禁止携带火种

序号	标志图例	名　称	设置说明
42		禁止吸烟标志	设置在易燃易爆场所、公共聚集场所显著位置，提示该场所禁止吸烟
43		禁 止 存 放 易 燃 物 品标志	设置在不能存放易燃物品的场所，提示该场所禁止存放易燃物品
44		禁止烟火标志	设置在可燃物品仓库、易燃易爆场所或其他场所，提示该场所严禁烟火
45	易燃气体 Flammable gas	易燃气体标志	设置在存放容器上或存放易燃气体的场所。可以标明储存的种类和数量

序号	标志图例	名 称	设置说明
46		易燃液体标志	设置在盛装容器上或存放易燃液体的场所。可以标明储存的种类和数量
47		易燃固体标志	设置在包装箱上或存放易燃固体的场所。可以标明储存的种类和数量
48		氧化剂标志	设置在包装箱上或存放氧化剂的场所。数字表示氧化剂的种类

序号	标志图例	名　称	设置说明
49	当心火灾 Warning fire	当心火灾标志	设置在容易发生火灾或发生火灾造成严重后果的场所
50	严禁住宿与生产、储存、经营场所合用	严禁住宿与生产、存储、经营场所合用	设置在生产、存储、经营场所
51	电闸下严禁堆放可燃物品	电闸下严禁堆放可燃物品	设置在电闸上或附近
52	仓库物品堆放要符合"五距"要求	仓库物品堆放要符合"五距"要求	设置在仓库物品堆放处
53	配电箱下严禁堆放可燃物品	配电箱下严禁堆放可燃物品	设置在配电箱上或附近

序号	标志图例	名　称	设置说明
54		灭火器使用标志	设置在灭火器设置点的上方或灭火器箱体上面，标明操作使用方法、维护保养责任人
55		室内消火栓标志	设置在室内消火栓箱门上

第8章 "三废"处理

化学实验室几乎遍及国民经济各行业，特别是在化学、化工、冶金、环保、卫生、地质矿产和产品检验等有关企事业单位及高等院校，其工作人员在进行教学、研究、测试及技术开发中，经常要接触酸、碱、盐等各类无机试剂，以及具有挥发性的有机试剂。在实验过程中，这些试剂经过化学反应后，会生成气体、水、其他化合物等，在实验完毕后，这些物质就会变为垃圾被废弃。这些废弃物就是常说的"三废"，即废气、废液和废渣。

8.1 "三废"分类

在化学实验室的废弃物中，许多是有毒有害物质，其中有些还是剧毒物质和强致癌物质。虽然它们在排放量和污染程度方面不及化工厂，但是如果不对它们进行处理而长时间的随意排放，它们也会污染空气、水源和土壤，导致环境污染，危害人体健康，同时也会影响实验结果，因此，化学实验室是一类小型污染源。化学实验室的废弃物，即"三废"通常指实验过程中所产生的一些废气、废液、废渣。化学实验室常见废物如下：

（1）废气：化学实验室产生的废气种类很多、成分复杂、排放具有间歇性。主要的废气种类，包括有机气体和无机气体两大类。有机气体包括四氯化碳、甲烷、乙醚、乙硫醇、苯、醛类等。无机气体包括一氧化氮、二氧化氮、卤化氢、硫化氢、二氧化硫等。有些气体带有刺激性，如果人体接触，人的眼鼻等黏膜组织会受到刺激而患病，严重时可患白血病。如果直接排放到大气中，会加剧酸雨的形成，构成严重的社会公害。比如破坏土壤和植物的生长，如果人吸入较多会造成直接伤害。

（2）废液：化学实验室产生的废液，是指样品分析残液、标准曲线分析残液、过期液体化学试剂、洗液和洗涤液等。这些液体中，有些是有机物。有机物废液主要有两类：一类是有机酸类，如乙酸、丁酸、柠檬酸等；另外一类是羰基、醛基、羟基、氨基、芳环、酚类、醚类、烃类，如丙酮、甲醛、甲醇、苯胺、苯、甲苯、苯酚、乙醚、三氯甲烷等。有机物废液大多具有易挥发、易燃烧的特点，如果遇到火花，会引起火灾或者爆炸，另外，对人的眼、鼻、喉及皮肤都有不同程度的伤害。

无机物废液主要有两类：一类是无机腐蚀性物质，如酸、碱废液；另一类是无机阴阳离子，如阴离子 Cl^-、F^-、CN^-、SO_4^{2-}、NO_3^-、PO_4^{3-}，铜、铅、锌、铁、钴、镍、锰、镉、汞等重金属阳离子。因此，在化学实验中，几乎所有的常规分析项目都在不同程度上存在着废液污染问题。含有超标重金属的废液不经过处理直接排出，就会污染地表水和河流，一旦用这些水来灌溉，土壤及农作物就会成为重金属污染对象。另外，人饮用了含有重金属的水，也会对人的身体健康造成伤害。

（3）废渣：化学实验室产生的废渣，即固体废弃物，主要指多余样品、分析产物、消耗或破损的实验用品、残留或失效的化学试剂等混合物质。实验用品包括玻璃器皿、检验用品及实验耗材。常见的有毒无机化学试剂有：重铬酸钾、氯化汞、氯化亚汞、硫酸铜等。由于这些固体废物成分多样，尤其是不少过期失效的化学试剂，处理稍有不慎，很容易导致严重的污染，会造成严重后果。

8.2 废气处理

在化学实验过程中，化学实验室会产生相应的废气，如果未经处理直接排放入大气中，会对周边环境造成污染，且会对人体造成器质性损伤。

化学实验室产生的废气，大多都是属于酸性气体。通常，实验室中能直接产生气体的各种实验，都要求在通风橱内进行。如果废气量少，而且有害气体排到空气中不超过规定的浓度，可直接通过化学实验室的通风设备排除至室外。但是其通风管道应有一定高度，使排出的气体能够被空气稀释。根据安全要求规定，通风管应高于附近房顶 2m。

如果废气量较多或毒性较大，必须通过化学处理后再排空。对于酸性或碱性较强的气体，要用适当的碱或酸进行吸收。比如氯化氢气体，可以用碱石灰吸收；比如 NH_3 可采用酸吸收。也可以采用溶解法来处理，即在水或其他溶剂中溶解度特别大或比较小的气体，用合适的溶剂把它们完全或大部分溶解处理掉。对于可燃性气体，采用燃烧法处理。部分有害的可燃性气体，在排放口点火燃烧，消除污染。例如，CO 在空气中经过燃烧后生成 CO_2。对个别毒性很大或者数量多的废气，可选用适当的吸附剂对其吸附。对于毒害不大的气体或剂量小的气体，用木炭粉或脱脂棉来进行吸附。实际上，化学实验室的废气处理方法分为湿法和干法两种。

湿法废气处理，是指采用酸雾净化塔进行废气处理，适用于净化氯化氢、氟化氢、氨气、硫酸雾、铬酸雾、氰化氢、硫化氢和氮氧化物等水溶性气体。酸雾净化塔适于高层建筑屋面上安装。其工作原理是酸雾废气由风机压入净化塔，经过喷雾及填料层，酸雾废气与氢氧化钠吸收中和液进行气液两相充分接触吸收或中和反应，经过净化后，再经脱液层脱液处理，然后排入大气。净化后的酸雾废气能低于国家排放标准。该装置具有净化效果好、结构紧凑、占地面积小、耐腐蚀、抗老化性能好，以及安装、运输、维修管理方便、设备结构较为简单、一次性投资少等特点，广泛应用于对气态污染物的处理。比如水幕废气处理器，其结构由箱体、水槽、溢流槽、填料和碱泵等组成，并配有 pH 值控制装置，可定期对酸、碱液浓度进行调整。其特点是排风和提水系统合二为一，无须水泵。与喷淋式相比较，从根本上克服了管道、过滤器堵塞、喷头的定期更换、水泵损坏以及净化效果差等一系列缺点。化学实验室湿法废气处理系统见图 8-1 和图 8-2。

干法废气处理，是指气体混合物与多孔性固体接触时，利用固体内外表面存在的未平衡的分子引力或者化学键力，把混合物中某一组分或某些组分吸附在固体内外表面上的过程。具有吸附作用的固体称为吸附剂。干法废气处理，一般采用有机气体活性炭吸附装置。其原理是活性炭具有很多微孔及很大的比表面积，依靠分子引力和毛细管作用，能使溶剂蒸气和挥发性物质吸附于其表面。又根据不同物质的沸点，用蒸气将吸附物质分离。当采用蒸气脱除吸附物质时，析出的有机溶剂蒸气与水蒸气一起通过冷凝器凝结，进入分离桶，经分离后回收有机溶剂。该方法的优点是设备简单、操作方便、易于实现自动控制。但是，因吸附剂的理化性能不同，具有较强的针对性。所以，处理含不同有害物质的

图 8-1　化学实验室湿法废气处理系统实物（1）

图 8-2　化学实验室湿法废气处理系统实物（2）

废气时，须配置不同理化性能的吸附剂，才能起到良好的气体净化作用。如果废气通过吸附剂的时间较短，废气中有害物质的含量过高，废气净化的效果就不理想。在废气通过吸附介质时，由于气流受固体介质的阻挡作用，须增加风机的功率，才能保证通风系统的正常风速。吸附剂需要定期更换或做再生处理，才能保证吸收装置的正常运行。所以，在实际应用中，该方法需要投入一定的费用和人力。此种方法，一般用于废气中有害物质的种类相对稳定且含量较低的废气处理，这样便于采用一种有针对性的吸附剂。比如，干式废气处理器，其适应范围广，适合多种酸（H_2SO_4、HCl、HF、NO_x 等）场合，多种酸气同时存在时，可以进行一次性处理，适用于电子、机械、冶金、酸洗、化工实验等行业的废气处理。其净化效率高，可根据用户的需求而设计。也就是说，在满足国家和地方环境法规的基础上，它的净化效率可以任意设计。无二次污染，该工艺无需用水，无污染废水产生，吸附饱和后的吸附剂无毒无害。不受使用条件和场地的限制，该净化器对工作环境没有特殊要求，不像碱液吸收法，在北方必须处于室内，否则结冰无法使用。在南方高温条件下，活性炭会受影响。该净化器使用安全，吸附剂是一种固体无机物，无毒无腐蚀性，吸附饱和后成中性。当净化器安装完毕后，不需要专人管理，只需开风机即可自动完成净化过程。干式废气处理器吸附剂为蜂窝块状活性炭。根据用户使用的有机物的种类、有机物挥发浓度、工作时间来确定有机物挥发量，结合吸附剂在一定吸附效率下的吸附容量和吸附剂的填充量来确定更换周期。也可根据用户希望的周期来确定总填充量。化学实验室干法废气处理系统见图8-3。

图8-3 化学实验室干法废气处理系统实物

目前，国家、行业及地方对大气污染治理的标准很多，化学实验室产生的废气经过治理后，必须满足相关标准要求。相关的国家标准有 GB 3095—2012《环境空气质量标准》、GB 11667—1989《居住区大气中可吸入颗粒物卫生标准》、GB 18054—2000《居住区大气中苯并（a）芘卫生标准》、GB 18056—2000《居住区大气中甲硫醇卫生标准》和 GB 7355—1987《大气中铅及其无机化合物的卫生标准》。另外，北京市、山东省和重庆市等几个地方的质量技术监督局，也制定有大气污染物综合排放的地方标准。国家标准 GB 3095—2012《环境空气质量标准》，对大气排放物的有害指标做出了明确规定。其具体情况见表8-1、表8-2。

表8-1 环境空气污染物基本项目浓度限定值

序号	污染物项目	平均时间	浓度限值		单位
			一级	二级	
1	二氧化硫（SO_2）	年平均	20	60	$\mu g/m^3$
		24h 平均	50	150	
		1h 平均	150	500	
2	二氧化氮（NO_2）	年平均	40	40	
		24h 平均	80	80	
		1h 平均	200	200	
3	一氧化碳（CO）	24h 平均	4	4	mg/m^3
		1h 平均	10	10	

序号	污染物项目	平均时间	浓度限值		单位
			一级	二级	
4	臭氧（O$_3$）	日最大 8h 平均	100	160	μg/m^3
		1h 平均	160	200	
5	颗粒物（颗粒物直径≤10μm）	年平均	40	70	
		24h 平均	50	150	
6	颗粒物（颗粒物直径≤2.5μm）	年平均	15	35	
		24h 平均	35	75	

表 8-2 环境空气污染物其他项目浓度限定值

序号	污染物项目	平均时间	浓度限值		单位
			一级	二级	
1	总悬浮颗粒物（TSP）	年平均	80	200	μg/m^3
		24h 平均	120	300	
2	氮氧化物（NO$_x$）	年平均	50	50	
		24h 平均	100	100	
		1h 平均	250	250	
3	铅（Pb）	年平均	0.5	0.5	
		季平均	1	1	
4	苯并（a）芘	年平均	0.001	0.001	
		24h 平均	0.0025	0.0025	

8.3 废液处理

化学实验室废液的危害主要有酸碱危害、重金属危害和有机物危害。

酸碱危害，比如常用的酸有 HC1、HNO$_3$、H$_2$SO$_4$ 等强酸，碱有 KOH、NaOH 等强碱。若将其直接排放到水中，可使水的 pH 值降低或升高。水的 pH 值大于 8.5 或 pH 值小于 6.5 时，就会导致水中的生态系统受到破坏，影响水体的自净能力。水质 pH 值过低，还会对下水管道中的金属设备造成严重腐蚀。

重金属危害，比如汞、镉、铬、钒、钴、铜等，其中汞毒性最大，镉、铬次之。如汞可由呼吸道、消化道以及皮肤直接吸收而进入人体，可造成积累性中毒，损害人的消化系统及神经系统。烷基化的汞毒性更大。镉由呼吸道进入人体后，造成积累性中毒，能导致肺气肿，损害肾功能，使肾小管吸收不全，过多的钙长期受损失而得不到补充，导致骨质疏松和骨骼软化。

有机物危害，比如挥发性酚类毒性最大。如苯酚、对甲苯酚等，能使细胞蛋白质发生变性和沉淀，使细胞失去活性。与皮肤接触后，可造成严重的烧伤、局部变色、起皱、软化。长期饮用含酚的水，会引起头昏、贫血及各种神经系统的疾病，甚至中毒。

废液的处理方法一般有物理法、化学法和生物法。

物理法主要是利用物理作用，以分离废水中的悬浮物。常用的方法有沉淀、过滤、离心分离、浮选（气浮）、机械阻留、蒸发结晶等。

化学法主要是利用化学反应来处理废水中的溶解物质或胶体物质。常用的方法有燃烧法、萃取法、中和法、吸附法、氧化分解法和水解法。燃烧法就是将可燃性物质的废液，置于燃烧炉中燃烧。对于难以燃烧的物质，可把它与可燃性物质混合燃烧，或者把它喷入配备有助燃器的焚烧炉中燃烧。对含水的高浓度有机类废液，也可采用燃烧法。对由于燃烧而产生 NO_2、SO_2 或 HCl 之类有害气体的废液，必须在配备有洗涤器的焚烧炉中进行，即必须用碱液洗涤燃烧废气，除去其中的有害气体。溶剂萃取法就是对含水的低浓度废液，用与水不相混合的正己烷之类挥发性溶剂进行萃取，分离出溶剂层后，进行焚烧处理。中和法就是采用酸碱中和原理处理废液，即根据废液的 pH 值来加入适量的酸碱处理废液。对酸性废水的处理就是利用碱性废水进行中和，使混合废水 pH 值接近中性。即在酸性废水中投加中和剂，通过碱性滤层过滤中和。对碱性废水的处理就是利用酸性废水进行中和，在碱性物质中投放酸性中和剂。向碱性废水中鼓入烟道废气（酸性气体二氧化碳或二氧化硫），即利用二氧化碳来中和碱性废水。吸附法，即用吸附性能良好的物质，让废液充分吸收后，与吸附剂一起焚烧，对于低浓度有机废液可采用此法。吸附法因吸附材料有很宽的来源范围、选择性强以及经济和便于操作，对实验室废液处理是一种理想的方法。传统的吸附处理多用活性炭或树脂作吸附剂，效果虽然很好，但价格昂贵，材料的再生处理也很麻烦。氧化分解法就是在含水的低浓度有机类废液中，对其易氧化分解的废液，用 H_2O_2、$KMnO_4$、$NaClO$、$H_2SO_4+HNO_3$、HNO_3+HClO_4、$H_2SO_4+HClO_4$ 及废铬酸混合液等物质，将其氧化分解。然后，按上述无机类实验废液的处理方法加以处理。水解法就是对有机酸或无机酸的酯类，以及一部分有机磷化合物等容易发生水解的物质，可加入氢氧化钠或氢氧化钙，在室温或加热下进行水解。水解后，若废液无毒害时，经中和、稀释后，即可排放。如果含有有害物质时，用吸附等适当的方法加以处理。

生物法用于去除废水中的胶体和有机物质，用活性污泥之类的东西并吹入空气进行处理。例如，对含有乙醇、乙酸、动植物性油脂、蛋白质及淀粉等的稀溶液，可用此法进行处理。一般有机溶剂是指醇类、酯类、酮及醚等由 C、H、O 元素构成的物质。对此类物质的废液中的可燃性物质，用焚烧法处理。对于低浓度有机废液，则用溶剂萃取法、吸附法及氧化分解法处理。再者，废液中含有重金属离子时，要保管好焚烧残渣。但是，对其易被生物分解的物质（即通过微生物的作用而容易分解的物质），其稀溶液经水稀释后，即可排放。

上述三种基本处理方法，各有其特点和适用条件。在废水排放时，要按排放要求来确定处理程度，同时应结合水体的自净能力，根据有害物质和溶解氧的指标来确定水体的容许负荷，即排入水体的容许浓度。对高浓度废酸、废碱液要经中和至中性时排放。对于含少量被测物和其他试剂的高浓度有机溶剂应回收再用。用于回收的高浓度废液应集中储存，以便回收。低浓度的废液经处理后排放，应根据废液性质确定储存容器和储存条件。一般情况下，不同废液不允许混合，应避光、远离热源，以免发生不良化学反应。废液储存容器必须贴上标签，写明种类、储存时间等。对于实验中产生的大量废液，其中无毒无害的，采用稀释的方法处理；对于含有害重金属离子的无机类废液，加入合适的试剂，使重金属离子转化形成沉淀。下面就常见的废液处理进行介绍。

含汞废液的处理：可采用硫化物共沉淀法，即先将含汞盐的废液的 pH 值调至 8~10，然后加入过量的 Na_2S，使其生成 HgS 沉淀；再加入 $FeSO_4$（共沉淀剂），与过量的 S^{2-} 生成 FeS 沉淀，将悬浮在水中难以沉淀的 HgS 微粒吸附共沉淀；然后，静置、分离，再经离心、过滤，滤液的含汞量可降至 0.05mg/L 以下。还可以采用还原法，即用铜屑、铁屑、锌粒、硼氢化钠等作还原剂，可以直接回收金属汞。

含镉废液的处理：可采用氢氧化物沉淀法，即在含镉的废液中投加石灰，调节 pH 值至 10.5 以上，充分搅拌后放置，使镉离子变为难溶的 Cd（OH）$_2$ 沉淀；分离沉淀，用双硫腙分光光度法检测滤液中的 Cd 离子含量（降至 0.1mg/L 以下）后，将滤液中和至 pH 值约为 7，然后排放。还可以采用离子交换法，利用 Cd^{2+} 离子比水中其他离子与阳离子交换树脂有更强的结合力，优先交换。

含铅废液的处理：可在废液中加入消石灰，调节至 pH 值大于 11，使废液中的铅生成 Pb（OH）$_2$ 沉淀；然后加入 $Al_2(SO_4)_3$（凝聚剂），将 pH 值降至 7~8，则 Pb（OH）$_2$ 与 Al（OH）$_3$ 共沉淀，分离沉淀物，达标后，排放废液。

含铬废液的处理方法 1：铬酸洗液经多次使用后，Cr^{6+} 逐渐被还原为 Cr^{3+}，同时洗液被稀释，酸度降低，氧化能力逐渐降低至不能使用。在 110~130℃ 温度下，此废液可不断搅拌，加热浓缩，除去水分，冷却至室温；边搅拌边缓慢加入高锰酸钾粉末，直至溶液呈深褐色或微紫色（1000mL 水中加入约 10g 高锰酸钾），加热至有二氧化锰沉淀出现；稍冷，用玻璃砂芯漏斗过滤，除去二氧化锰沉淀后，铬酸洗液即可使用。方法 2：含铬废液中加入还原剂，如硫酸亚铁、亚硫酸氢钠、二氧化硫、水合肼或者废铁屑，在酸性条件下，将 Cr^{6+} 还原为 Cr^{3+}。然后，加碱（如氢氧化钠、氢氧化钙、碳酸钠、石灰等），调节 pH 值，使 Cr^{3+} 形成低毒的氢氧化铬沉淀。分离沉淀，清液可排放。沉淀经脱水干燥后，或综合利用，或用焙烧法处理，使其与煤渣或煤粉一起焙烧，处理后的铬渣可填埋。如果将废水中的铬离子形成铁氧体（使铬镶嵌在铁氧体中），则不会产生二次污染。六价铬无机化合物的最高允许排放浓度为 0.5mg/L，三价铬无机化合物最高允许排放浓度为 3.0mg/L。

含砷废液的处理：可以在废液中加入氧化钙，使 pH 值为 8，生成砷酸钙和亚砷酸钙沉淀，在 Fe^{3+} 存在时共沉淀；或使溶液 pH 值大于 10，加入硫化钠，与砷反应生成难溶、低毒的硫化砷沉淀。产生含砷气体的试验应在通风橱中进行。还可以在含砷废液中加入 $FeCl_3$，使铁与砷的浓度比达到 50，然后用消石灰将废液的 pH 值控制在 8~10。利用新生氢氧化物和砷的化合物共沉淀的吸附作用，除去废液中的砷。放置一夜，分离沉淀，达标后排放。

含氰废液的处理：低浓度废液可加入氢氧化钠，调节 pH 值为 10 以上，再加入高锰酸钾粉末（质量分数 3%），使氰化物分解。若是高浓度的，可使用碱性氯化法处理：先用碱调至 pH 值为 10 以上，加入次氯酸钠或漂白粉；经充分搅拌，氢化物分解为二氧化碳和氮气，放置 24h 后排放。含氰化物废物不得乱倒或与酸混合，生成的挥发性氰化氢气体有剧毒。

含酚废液的处理：低浓度的含酚废液可加入次氯酸钠（$NaClO_3$）或漂白粉（$Ca(ClO)_2$），使酚氧化为二氧化碳和水；高浓度的含酚废液可用乙酸丁酯萃取，再用少量氢氧化钠反萃取，调节 pH 值后，进行重蒸馏回收。对于大量含酚废液，可加入高铁酸钾氧化除去苯酚。高铁酸钾投加量为 1.2g/L，pH 值为 4。当初始苯酚浓度为 100mg/L 时，若反应时间 30min，其苯酚去除率为 90.2%，COD（化学需氧量）去除率为 51.6%。挥发性酚最高允许排放浓度为 1.0mg/L。

混合废液的处理：对于互不作用的废液可用铁粉处理。调节废液 pH 值为 3~4，加入铁粉，搅拌 30min。用碱调节 pH 值为 9 左右，搅拌 10min，加入高分子混凝剂沉淀，清液可排放，沉淀物作为废渣处理。废酸碱可中和处理。

含有放射性核素的废水处理：根据核素的半衰期长短，分为长寿命和短寿命两种放射性核素废水，应分别进行处理。对于长寿命放射性核素，且放射性浓度又较高，应将废水集中存放，待到一定数量后，采用净化法处理。净化过程中产生的少量浓缩液，可采用固化法处理。对于短寿命放射性核素废水，应采用贮存法处理。含有放射性核素的废水处理，应符合现行的 GB 18871—2002《电离辐射防护与辐射源安全基本标准》的规定。生物安全 4 级和生物安全 3 级实验室的污水，必须进行消毒处理。经处理后，污水应符合国家相关标准中的规定。

在废液处理的时候，处理设施比较齐全时，往往把废液的处理浓度限制放宽。最好先将废液分别处理，如果是贮存后一并处理时，虽然其处理方法将有所不同，但原则上要将可以统一处理的各种化合物收集后进行处理。处理含有配合离子、螯合物之类的废液时，如果有干扰成分存在，要把含有这些成分的废液另外收集。下面所列的废液不能互相混合：（1）过氧化物与有机物；（2）氰化物、硫化物、次氯酸盐与酸；（3）盐酸、氢氟酸等挥发性酸与不挥发性酸；（4）硫酸、磺酸、羟基酸、聚磷酸等酸类与其他的酸；（5）铵盐、挥发性胺与碱。

要选择没有破损及不会被废液腐蚀的容器进行收集。将所收集废液的成分及含量，贴上明显的标签，并置于安全的地点保存。特别是毒性大的废液，尤其要十分注意。对于产生硫醇、胺等臭味的废液和会发生氰化氢、磷化氢等有毒气体的废液，以及易燃性大的二硫化碳、乙醚之类废液，要加以适当的处理，防止泄漏，并应尽快进行处理。含有过氧化物、硝化甘油之类爆炸性物质的废液，要谨慎操作，并应尽快处理。含有放射性物质的废弃物，用另外的方法收集，并必须严格按照有关的规定，严防泄漏，谨慎地进行处理。

化学实验室有的废液具有一定的经济价值，可以通过回收方式来解决，比如含银废液中银的回收、三氯甲烷回收和废酒精的回收。

含银废液中银的回收：将含银废液在搅拌下加入过量盐酸，使其生成氯化银沉淀，直到不再析出白色的乳状氯化银沉淀为止。在沉淀沉降后倾泻出母液，用纯水以倾泻法洗涤沉淀至完全除去 Fe^{3+} 和 Cl^-。在适当的容器内，加入（1+4）硫酸溶液或 100~150g/L 氯化钠溶液，用金属锌棒还原氯化银沉淀，直到沉淀内不再有白色的颗粒时，还原便已完全。将析出的暗灰色细金属银沉淀，仔细用纯水以倾泻法洗涤，除去游离酸和锌离子，将洗涤过的银沉淀烘干，在石墨坩埚中熔融，即得到金属银。或将银沉淀直接溶于硝酸或硫酸中，以制备硝酸银或硫酸银溶液或试剂。

三氯甲烷的回收：将废三氯甲烷液用自来水冲洗，除去水溶性杂质。取水洗过的 500mL 氯仿置于 1000mL 分液漏斗中，加入 50mL 硫酸，摇荡几分钟，静置分层后，弃去下层硫酸。重复这一操作，至摇荡过的硫酸层中呈现无色时为止。然后，用重蒸蒸馏水洗涤氯仿两次，每次用 200mL 水。再用 50mL 盐酸羟胺溶液（5g/L）洗涤 2~3 次后，再用重蒸蒸馏水洗两次。将洗涤好的氯仿用无水氯化钙脱水干燥并蒸馏两次，收集温度 61.2℃

（60~62℃），即得纯的 $CHCl_3$。如果氯仿中杂质较多，可在自来水洗涤之后，预蒸馏 1 次除去大部分杂质，然后再按上法处理。这样可以节约试剂用量。对于蒸馏法仍不能除去的有机杂质可用活性炭吸附纯化。

废酒精的回收：废酒精的回收采用水浴蒸馏法，收集 78.2℃时的馏分，为普通酒精，含乙醇 95.57%。若需要制备无水乙醇时，可取 600mL 含水乙醇，置于 1000mL 圆底烧瓶中，加入 80~100g 氧化钙，在水浴上加热回流 3~4h。然后，将乙醇蒸出，收集 78.2℃馏分，收集在洗净干燥好的瓶中，贮瓶必须具有磨口塞。对乙醇中的微量水，可加入新活化并冷却至室温的 5A 分子筛，脱水过夜。经脱水后，可取上层乙醇清液使用。

化学实验室的废液经过处理后，其各项指标符合国家标准 GB 8978—1996《污水综合排放标准》中有关规定才能排放，见表 8-3。另外，pH 值也是控制废水酸碱度排放的重要指标，它对环境的影响作用也是较大的。当废水处理后的 pH 值达 6~9 时，才能予以排放。

表 8-3　第一类污染物最高允许排放浓度

序号	污染物	最高允许排放浓度/mg·L⁻¹
1	总汞	0.05
2	烷基汞	不得检出
3	总镉	0.1
4	总铬	1.5
5	六价铬	0.5
6	总砷	0.5
7	总铅	1.0
8	总镍	1.0
9	苯并（a）芘	0.00003
10	总铍	0.005
11	总银	0.5
12	总 α 放射性	1Bq/L
13	总 β 放射性	10Bq/L

8.4　固体废弃物处理

目前，随着经济的发展，化学实验室发展也日益壮大，特别是在居民闹市区的科研院所、医院、机关事业单位和第三方检测机构。在日常工作中，与工矿企业相比，化学实验室每天产生的"三废"量是很少的。但是，其废物毒性较大，实际上是一类典型的小型污染源，建设越多，污染总量越大。而这些化学实验室，几乎都建设在中心城区和居民区，对环境的危害特别大。而且许多化学实验室的排水管道与居民的排水管道相通，污染物通过下水道形成交叉污染，最后流入江河中或者渗入地下，对水资源的危害不可估量。为了保护环境和人民的身体健康，对化学实验室的"三废"治理是非常必要的。

化学实验室固体废弃物成分复杂、毒性大、处理难度高，包括固态及半固态的化学品、化学废弃物、化学品包装材料和废弃玻璃器皿。实验室固体废弃物因为毒性大，不能作为垃圾进行常规填埋，否则将对环境造成严重污染。化学实验室的固体废弃物主要是氯化物、氟化物、汞及化合物、重金属化合物和有机类化合物。

化学实验室中的很多固体废弃物，还有再次利用的价值。如废弃的吸量管，用酒精喷灯灼烧，经拉拔后可制成滴管；底部有洞的试管和烧杯组合可作为简易的启普发生器，等等。而很多化学实验结束后的废弃物可以提炼出贵金属，比如硫酸亚铁铵滴定合金钢中的铬，要用硝酸银做催化剂。在实验过程中，硝酸银转换成氯化银沉淀。可以将氯化银收集在同一容器中，达到一定量后提取白银。含重金属盐的固体残渣，对水体和环境会造成污染，要处理（一般变成难溶的硫化物或氢氧化物）后集中掩埋。比如含有硝酸汞的废渣，可以将它生成难溶的硫化汞再处理。实验剩下的重铬酸钾、氯酸钾或过氧化钠等氧化剂，不可随便丢弃，应该及时处理，以防发生着火事件。上述试剂可以用还原剂还原成三价铬、氯化钾和氯化钠，以变成无毒无害废液，经稀释后排放。对于无毒无害废渣，如固体 $NaCl$ 或 $CaCl_2$，可用水稀释后倒入水槽排到下水道管网中去。

化学实验室有毒固体废弃物中能够自然降解的部分，可集中深埋处理。不溶于水的废弃化学试剂，禁止丢进废水管道中，必须集中到焚化炉或者用化学方法处理成无害物。碎玻璃和其他有棱角的废渣，不能随意丢弃，要收集到特殊废品箱内处理。对固体废弃物，亦可将其溶解于可燃性溶剂中，然后进行燃烧处理。粘附有有害物质的滤纸、包药纸、棉纸、废活性炭及塑料容器等，不要丢入垃圾箱内，要分类收集，加以焚烧或其他适当的处理，然后保管好残渣。对于为了分解氰基而加入次氯酸钠，以致产生游离氯，以及由于用硫化物沉淀法处理废液而生成的硫化物等情况，其处理后的废水往往有害，因此必须对它们加以再处理。

化学实验室含汞固体废弃物，主要有极谱实验的废汞液、打碎的水银温度计（汞掉在地面上）、在硝酸汞的酸性溶液中浸过的薄铜片或铜丝。极谱实验的废汞液，可以经过回收再处理后继续使用。散落在地面上的汞颗粒，可以撒上硫磺粉，生成毒性较小的硫化汞。还可以喷上用盐酸酸化过的高锰酸钾溶液（0.5g/L），过 $1 \sim 2h$ 后清除。或喷上三氯化铁溶液（200g/L），干燥后再清除（但该方法不能用于金属表面，会产生腐蚀）。

化学实验室的放射性废弃物为中低水平放射性废弃物，将实验过程中产生的放射性废物收集在专门的污物桶内，桶的外部标明醒目的标志。根据放射性同位素的半衰期长短来选择处理方法。对极低水平的放射性固体废弃物，经过焚烧和水稀释后排入到海洋、湖泊和河流等水域中，通过稀释和扩散，使放射性废液达到无害水平。对极高、高、中和低水平的放射性固体废弃物，装入铅罐密封后深埋于地下，任其自然衰变，使放射性对人和自然界中其他生物的危害减轻到最低限度。

8.5 化学实验室废弃物存放

化学废弃物分一般废弃物和特殊废弃物两类。能用于存放的废弃物只有废液和废渣。一般废弃物指少量的溶剂、非易燃易爆、非剧毒废物、粉尘和纸张等一般性无毒物品。特殊废弃物指批量大的溶剂、易燃易爆或剧毒废物等。其收集处理方法因性质不同而不同。

在化学实验室中，废弃物的收集容器分三类：红色标志加厚塑料袋（A 型）、黑色标志加厚塑料袋（B 型）、橙色标志带盖铁桶或塑料桶（C 型）。废弃物的存放应该根据其特点，做到分类收集、存放、集中处理。其收集方法有分类收集法、按量收集法、相似归类收集法和单独收集法。

分类收集法是指废弃物为了适用于处理与处置的需要，将根据其类别性质和状态不同，分门别类收集。比如化学实验室的原辅料粉末、废片、渣土、标签、纸盒、纸板、废纸等废弃物。可将原辅料粉末、废片、渣土等性质相似的废弃物放置在一起，由于它们属于不可回收的一般废弃物，可用 A 型收集容器盛装。标签、纸盒、纸板、废纸放置在一起，由于它们属于可回收的一般废弃物，可用 B 型收集容器盛装。按量收集法就是根据化学实验过程中排出废液量的多少或浓度高低予以收集。相似归类收集法就是废弃物的性质、处理方式及方法相似的应收集在一起。单独收集法是指危险废弃物应予以单独收集处理。

废液应根据其化学特性，选择合适的容器和存放地点。废液应用密闭容器贮存，禁止混合贮存，以免发生剧烈化学反应而造成事故。容器标签必须标明废物种类、贮存时间，定期处理，存放时间不宜太长，并需请有资质的单位进行处理。常见的一般废弃物，比如不含有机溶剂及重金属的废液、少量酸或碱废液，可直接倒入下水道，并用大量水冲洗下水道；少量的废溶剂也可倒入 C 型收集容器中存放，最后集中处理。盛装容器在盛装后应小心将口扎紧或盖好，做好标记，放置在合适的地方，以便清洁工将其送到垃圾站统一处理。在空气中易燃易爆的固体废弃物不可随意裸露放置，比如金属钠、钾等应及时投入煤油或液体石蜡中。废弃的剧毒固体试剂、包装材料应交给专人做统一处理。废弃物三氧化二砷及其内包装材料，不要倒入下水道或随意丢弃，以防污染地下水，应放入装有氢氧化钠溶液的废物收集瓶中，反应完全后做深埋处理。大量的易燃溶剂，如乙醚、氯仿、丙醇等应分置于废溶剂缸内，统一在露天通风场所焚烧，不得倒入下水道。有毒的废液及盛装容器应做去毒处理后废液倒入下水道，容器立即用水冲洗。对含有少量被测物和其他试剂的高浓度有机溶剂废液应回收利用。用于回收的废液应分别用洁净的容器盛装，同类废液应集中贮存，以便于回收。某些组分浓度低的经适当处理达标即可排放。另外，可以对化学实验室的废水排放系统进行相应的改造，将实验器皿的洗涤和实验残液的排放与一般性洗涤用水的排放分为两个排放系统，一般性洗涤用水可直接排放，实验器皿的洗涤水和实验残液的排放，则通过管道送到废水处理站进行处理。这样可减少废水处理装置的废水处理量，降低废水处理装置的运行成本。处理后的清水可作为一般性冲洗用水。

第 9 章 仪 器 安 装

仪器是指用于检出、测量、观察，并计算各物理量、物质成分、物性参数等的器具或设备。真空检漏仪、压力表、测长仪、显微镜等均属于仪器仪表，简称仪器。广义来说，仪器仪表也具有自动控制、报警、信号传递和数据处理等功能。目前，实验室常见的仪器类别有：色谱类、质谱类、光谱类、气体类、电化学类和环境检测类。不管哪一类仪器，在检测、测量和观察时，都要在一定的条件下进行。因此，为了保证仪器正常功能的发挥，在开始安装之前，安装的具体要求是必不可少的。其基本条件有室外要求、室内要求和安全要求。室外要求包括实验室选址、规划和地线安装。室内要求包括地板承重、内部装修、家具选择和供电线敷设。

9.1 仪器分析室要求

仪器分析室需要为仪器提供洁净和干燥的工作环境。因此，仪器对环境的要求是：具有防火、防振、防电磁干扰、防潮、防腐蚀、防尘、防有害气体侵入的功能。按照化学实验分析项目特点设立各个分室，科学地布置和安放仪器设备，布置电力线路、自来水管和污水排放管道，合理地采光、自然通风和照明。仪器分析实验主要设置各种大型精密分析仪器，同时也包括普通小型分析仪等。这些分析室大都由几个小室组成。组成房间的大小和数量随各类仪器而异。即使是同类仪器，如其型号不同，其要求往往也不尽相同，而且有时会有较大的差别。

仪器分析实验室，通常可与基本实验室一样沿外墙布置。或将它们集中在某一区域内。这样有利于各个研究室和基本实验室相联系，并可统一考虑诸如空调、防护等方面的措施。仪器分析实验室，包括分析仪器室、样品处理室、暗室、研究室、更衣室、机房等。对仪器分析实验室而言，有防振、防尘、较恒定的室温要求和一定的湿度要求，因此，要远离公路、铁路、机加车间和锻压车间。

仪器分析实验室的供电，可分为照明用电和工作用电。照明用电综合人和仪器的要求（暗室除外），照明度控制在 150~250lx 之间。这是因为照明度太小，会影响检测人员的视力；照明度太大，会影响仪器工作。仪器分析实验室工作用电，要求兼有交流、直流电源，以及单相、三相两种电源插座，并有稳压特性。有的还要求防电磁干扰，需要接地和电磁屏蔽等。有的需要具备冷却水和各种气体供应，包括真空和压缩空气、保护气体和载气等。

化学实验室电气及布置线路电线应按照 GB/T 5023.1—2008《额定电压 450/750V 及以下聚氯乙烯绝缘电缆 第 1 部分：一般要求》的相关规定，采用铜芯线 BVR、BV，电线直径、开关大小按照用电容量计算。电源电线的直径粗细应根据化验室仪器及设备总功率和输入电流决定。仪器室的供电系统，应配有专用线和良好的接地线。一般情况下，电源配置 220V 单相电源。如果电源功率和输入电流过大或者还有其他特殊要求，还须安装具有良好接地功能的 380V 三相电源。实验室每个区域都要根据仪器及其附属设备的要求，留足两孔或三孔电源插座。功率比较大的仪器或者设备，应单独使用一个接地良好的三孔电源插座，比如空调。有的仪器需要有冷却水和各种高纯气体供应。高纯气瓶如果要进入仪器实验室，需要安装有气体泄漏报警装置和固定铰链的气瓶柜。仪器分析实验室的建筑装修标准，比普通实验室的要求要高。为了减少空气中的固体污染物，墙面粉刷可采用油漆涂料。地面材料可考虑木地板、水磨石、塑胶以及大理石；仪器台的材料可采用实芯理化板、大理石或钢筋混凝土结构的水磨石。台面厚度不能小于 19mm，以保证仪器台面有足够的承受力。对于放在地面上的大型仪器，其地板的承受力要大于 $3500N/m^2$。如果地板不能满足仪器的承重要求，需要合适的钢板和槽钢对地板进行加固处理。

9.2　接地保护装置

大型精密仪器设备及各种电气设备，其接地保护装置的设计与安装，目的是保护设备和保障人身安全。既可避免雷电放电造成的危害，又可为设备的漏电或因电路出现故障而产生强大电流提供放电通路，不仅能防止设备静电积累，还能提高电子线路的稳定性。常见的仪器保护装置有：熔断器、地线和避雷针。熔断器是根据电流超过规定值一段时间后，以其自身产生的热量使熔体熔化，从而使电路断开。熔断器广泛应用于高低压配电系统和控制系统以及用电设备中，作为短路和过电流的保护器，是应用最普遍的保护器件之一。而地线和避雷针属于接地保护装置。接地保护装置是指埋设在地下的接地电极，与由该接地电极到设备间的连接导线的总称。接地是保障分析仪器安全和可靠工作的重要措施。到目前为止，接地仍然是应用最广泛的电气安全措施。

地线是用来将电流引入大地的导线。当电气设备漏电或电压过高时，电流通过地线进入大地。一般要求接地电阻为 $1\sim4\Omega$。由于电子技术的进步，漏电流减少和抗干扰能力的提高，许多仪器放宽了接地电阻要求。但是，个别仪器的地线接地电阻要求在 0.4Ω 以内，比如波长色散性 X 荧光光谱仪。电线要求具有一定的可靠性和安全性，并且干扰小。绝大多数分析仪器接地，可与其他设备共用，只有极少数仪器要求独立接地，比如部分电感耦合等离子体发射光谱仪。目前，需要安装地线的大型精密仪器有质谱仪、核磁共振仪和光电直读光谱仪等。避雷针是避免建筑物和其内部的人员与设备遭受雷击，而将雷击电流引入大地的一种接地装置。它是通过避雷针尖或接闪器、引下线和接地极，将雷击电流引入大地。防雷接地电阻应小于 10Ω。

在仪器中，地线的主要用途有保护性接地、屏蔽作用和仪器工作零点的稳定作用。保护性接地就是当电气设备由于绝缘及其他事故发生漏电时，其金属外壳接入大地的措施。为防止触电事故的发生，必须将电气设备外壳接地。若接地装置给负载电流提供另外一条通路，使之通过大地回到变压器的中线，这种接地方式称为重复接地（就是仪器外壳接零后又接地）。重复接地，能有效减轻接零设备在零线断路时的触电危险。由于仪器的检测信号都非常微弱，要求仪器前置放大单元电路有较高的输入阻抗及多倍级的放大倍数。当来自外界的电磁干扰窜入放大单元电路时，会引起仪器的误检，从而影响测量的精密度。当仪器外壳接地后，相当于把整个仪器放入一个特制的屏蔽室内，隔断内外部各种电磁波的辐射，使仪器自身与邻近仪器相互不发生干扰。仪器工作零点的稳定作用，是指每个分析仪器的电源参考电位点都要通过一路或多路与仪器外壳相连（不包括开关型电源）。这是人为设定的相对零电位点。但这个零电位点与大地电位不一定相同。因为理论上把大地视为零电位点，只有当仪器外壳与大地通过地线连通后才能视为零电位点。因此，只有地线接地才能起到工作零点的稳定作用。当光谱仪某些元件绝缘性能不好时，都会造成仪器外壳带电。另外，由于感应电压的存在，如果仪器不接地，很容易随外界电源干扰而波动，从而使仪器基准零点发生改变，造成仪器零点不稳。出现的噪声严重影响对弱信号的测量，使仪器灵敏度和准确度不同程度地下降。同理，仪器外壳不正确的接地，也会对分析测试工作产生不良影响。

在安装地线时，接地电阻是最主要的指标之一。接地电阻是指接地体与大地之间的接触电阻。接地电阻的大小与土壤的导电性能、接地体的尺寸、接地体与土壤接触的松紧、敷设深度等因素有关。土壤的导电性能，一般用土壤电阻率或土壤电阻系数来衡量，一般性土壤电阻率为 $60\Omega \cdot m$。接地体敷设种类有石墨接地敷设、金属条（板）形或管形接地敷设。敷设方式有水平敷设和垂直敷设两种。

在地线安装完毕后，需要借助相应的仪器对地线进行测量。测量地线的接地电阻时，可选用 ZC-8 型接地电阻测试仪进行测量。在测量过程中，可按照 GB/T 18216.4—2012《交流 1000V 和直流 1500V 以下低压配电系统电气安全防护措施的试验、测量或监控设备第 4 部分：接地电阻和等电位接地电阻》的规定执行。除此之外，在测量地线的电阻中，还应该注意以下几个问题：

（1）接地电阻值的大小与季节、天气、土壤的干湿程度等环境因素有关，并随着上述诸因素的变化而有所差异。测量接地电阻时，必须选择晴天或者天气干燥的日子进行，其测得的数值才准确可靠。在雨天或雨后湿地条件下，禁止测量接地电阻。

（2）当测量电气设备的保护接地电阻时，一定要断开与设备的连接线，否则会影响测量结果。

（3）接地线锈蚀严重时，必须先用锉刀锉去铁锈，使其导线接触良好后，才能进行接地电阻的测量。否则，测量结果有误。

下面介绍安装地线的几种方法。

方法一：选用 6 根厚度大于 5mm、长度 2200mm 及宽度大于 50mm 的三角钢；1 根厚度大于 5mm、宽度大于 50mm 及长度 20m 的扁铁；1 根 10mm² 铜线（长度以能够引到仪器旁边为准）；约 500kg 降阻剂。选择土质较好且距仪器较近的地方，挖一个约 2500mm×1500mm 和深度约 2500mm 的土坑（其周围 20m 范围内，不得有其他设备的地线）。先将 6 根角钢一端切成尖状，在坑内按图 9-1 示意的位置钉在相应的位置上，用铁锤将其砸入坑底，直至三角钢顶部与坑的底部相平。然后，将扁铁截成一定长度，与角钢按图中示意的方式焊接在一起，并用扁铁引出地面（地下部分的连接务必焊牢）。最后，将降阻剂倒入坑内、铺平，再用黏土将土坑填平、浇上数桶自来水。以专用接地电阻测试仪进行测试，确保接地电阻小于 4Ω。

方法二：用一块 5mm×1000mm×1000mm 铜板（也可用小块铜板焊接而成），焊缝需作防腐处理；大于 6mm² 铜芯导线若干米；2 袋降阻剂；2 袋木炭。接地体及布线施工：距安放仪器实验室 3m 以上的室外挖一个 1500~2000mm 深、长和宽均为 1100mm 的坑（深坑周

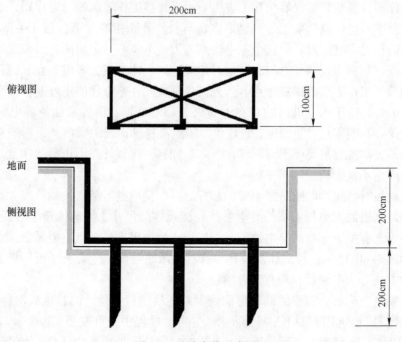

图 9-1 地线安装示意图 1

边最好是泥土而非岩石、鹅卵石）；将木炭倒在坑底，再铺垫一定量的降阻剂；将铜板及导线放入坑内，一层泥土一层降阻剂将铜板埋好；将导线牢固可靠地引入实验室动力配电盘接线端子，螺钉紧固。测量：用地阻仪测量，地线对地电阻要求小于 4Ω。若地阻达不到要求，可增加接地体，串联连接，接地体间距不小于 3000mm。地线安装示意见图 9-2。

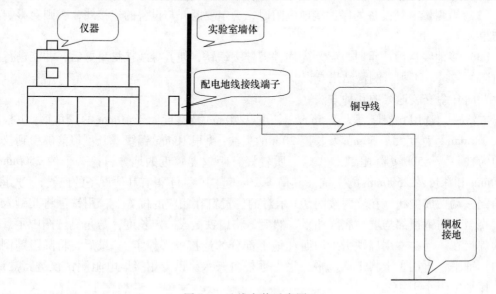

图 9-2 地线安装示意图 2

方法三：地线所需材料，选用面积 $2m^2$、厚度大于 5mm 的铜板或面积 $1.5m^2$、厚度为

10mm 的铜板；一根长度 5m、厚度 3mm、宽度大于 30mm 的铜带；一根 $10mm^2$ 铜线（长度以能够引到仪器旁边为准）；2 袋粗盐。选择土质较好且距仪器较近的地方，挖一个约 2500mm×1500mm、深度约 2.5m 的土坑（其周围 20m 范围内，不得有其他设备的地线）。先将 1 袋粗盐倒入坑中铺平，然后将铜板与铜带焊接在一起（焊接长度大于 50cm），把铜板平放在坑内。将另 1 袋粗盐倒入坑中、铺平，接着用黏土将坑填平，浇上数桶自来水。用专用接地摇表进行测定，其接地电阻应小于 4Ω。地线安装示意参见图 9-3。

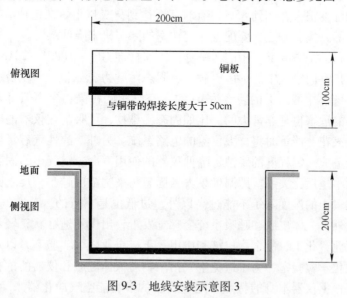

图 9-3 地线安装示意图 3

9.3 仪器分析室内部环境

　　仪器分析是化学学科的一个重要分支。它是以物质的物理和物理化学性质为基础建立起来的一种分析方法。利用较特殊的仪器，对物质进行定性分析、定量分析、形态分析。该法是借助仪器来完成的，而仪器是在特定环境中工作的。这种特定环境是指恒温、恒湿、空气净化、避光和排风。室温尽可能保持恒定，温度为 18~25℃，相对湿度为 40%~65%。实验室内的仪器设备较多，占用面积较大。为了避免仪器间的相互干扰，应该将大房间分隔成若干个小房间，再将仪器分开摆放。为保持一般仪器良好的使用性能，电压要稳定。各台分析仪器都需要配置稳压电源，以及安装地线。

　　恒温恒湿是指用人工或自动控制方法，保持温度值和湿度的恒定不变。由于仪器的检测器与温度的波动有一定的关系，因此仪器在工作时，要保持恒温。仪器中的元器件，要长期保持在比较干燥的环境中。否则，元器件容易生锈，影响仪器的使用寿命。另外，对不常用的仪器应经常通电，以达到除湿的目的。作为仪器的检测器，常见的环境恒温恒湿控制方法，是采用空调即空气调节器来调节温度和湿度。它的功能是对该房间（或封闭空间、区域）内空气的温度、湿度、洁净度和空气流速等参数进行调节，以满足检测器的要求。空调的配置有两种模式：一种是集中控制模式；另一种是分散控制模式。集中控制模式即采用中央空调，由中央空调集中供冷暖气到各个实验室。在实验室内，由手动或者自动，通过控制器来达到恒温恒湿要求。分散控制模式就是采用柜式空调或者分体式空调来对房间内提供冷暖气，控制方式一般采用变频方式。在使用这种控制模式时，空调功率的选择不能仅考虑房间面积，还要考虑仪器的散热量。通过计算获得合适的空调功率值，然后选择合适功率的空调。仪器对噪声有一定的要求，因此不宜选择窗机空调。在北方干燥地区，空气中湿度较小，只需要空调模式控制室内的温度和湿度即可。但是，空气中湿度长期低于50%的地区，所配置的空调只需要调温功能即可。在南方潮湿地区，特别是梅雨季节，空气中的湿度很大，达到85%，有时甚至达到90%以上。在这种情况下，仅凭空调控制湿度是不够的，实验室还需要配置一定功率的除湿机来降低湿度。

　　空气净化的目的是清除空气中的污染物。国家标准GB/T 18801—2015《空气净化器》中，污染物主要指室内空气中的细菌、病毒、固态污染物（如粉尘、花粉、带菌颗粒等）、气态污染物（异味、甲醛之类的装修污染等）。空气中的污染物，不但对人的身体健康带来危害，对仪器的危害也是非常大的。比如固态污染物，可吸附在仪器的电路板上，导致电路板产生静电火花，严重时将烧毁仪器的电路系统。另外，酸性气态污染物，对仪器本身及其原件也会造成一定程度的腐蚀，降低仪器的使用寿命。空气中的固态污染物浓度与空气中的湿度大小呈反比关系。即湿度越大，固态污染物浓度越小，反之固态污染物浓度越大。因此，空气中的湿度除了不能过高以外，过低也是不行的。若空气中的湿度过低，除了易产生静电外，人体皮肤和呼吸系统会感觉发干，出现不适症状，轻者流鼻血，重者会发生感冒。因此，化工、冶金、机械和矿山等工矿企业化学实验室，以及医院、疾控和环保等事业单位化学实验室，为了避免空气污染物对人体健康和仪器的危害，保证分析结果的准确度，可根据仪器本身的特点，配置适宜的多功能空气净化器来净化空气。同时，为了彻底避免空气污染物对仪器的影响，仪器室的选址不能距离化学分析室、车间太近，以防止腐蚀性气体、水蒸气腐蚀仪器设备。

　　在仪器分析室中，空气的污染物除了外界因素外，还有仪器自身因素。比如在分析过程中，红外碳硫分析仪就会产生大量的固体污染物；电感耦合等离子体发射光谱仪也会产生大量的气体污染物。这些污染物如果不排除至室外，同样也会对人体和仪器带来危害。为了解决这种危害，有些实验室安装了原子吸收罩或万向排气罩等局部通风装置。这种局部通风装置在工作时，对室内温度和湿度会造成一定的影响，导致室内的恒温恒湿环境偏离额定工作条件。因此，该类仪器分析室的空调和除湿机的选择，应比其他房间的功率要高，具体功率可依据计算得知。

　　在大部分情况下，仪器分析室采用一体化的固定地板即可满足需要。但是，某些仪器因电缆多及管线复杂，需要采用架空地板。一般地板构造有护罩式、地沟式和配式地板等几种方式。活动地板，要求力学性能优良、质量轻、强度大、表面平整、尺寸稳定、互换灵活、装饰性及质感良好，并能防潮、阻燃、防腐。活动地板又分防静电型和非防静电型两种。活动地板的使用要求，首先必须满足不论房间形状或面积大小，都能方便而迅速地装配，其密封性良好，可自由接近电气连接线和风管。其次地板材料具有耐火性、绝缘性和抗电磁性，其承受能力要大于$4000N/m^2$，人与地面接触无噪声，清洁性要好。

　　在门窗方面，仪器分析室具有恒温、恒湿、洁净要求。门，应采用密闭保温的单向弹簧门或装自动闭门器，并向室内开启。如果室外噪声大于60dB，应该安装隔声门。窗，应安装双层密封窗。为了保证室内环境的恒温及节能性需求，仪器分析室的窗户可安装恒温及节能良好的铝合金或塑钢做窗体骨架的中空玻璃单层密闭窗。其外墙和隔断，采用中空砖等保温节能材料制作。另外，为了避免阳光直射及眩光，仪器分析室的外窗宜朝北。若窗的开向为东、南、西方向时，应采取遮阳措施，如安装百叶窗或暗色窗帘等。

在室内装饰时，仪器分析室及辅助室装饰材料，应该选择具有易清洁性、保温性、阻燃性和隔音性好的材料。为了避免墙体积灰或产生蜘蛛网，墙壁、地板和天花板应具有一定的平整度。除此之外，地面材料应具有耐磨性和防静电性。室内各种管线宜暗敷。当管线穿过楼板时，宜设置技术竖井。为了保证室内美观，在不影响使用效果的前提下，天花板上安装的风口、灯具、火灾探测器及灭火器喷头，最好做到隐蔽安装。最后，为了杜绝实验人员的视角疲劳，室内色彩宜淡雅柔和，不宜采用强烈性色彩。

9.4 仪器分析室安全因素

检测实验室的安全因素，国家标准 GB/T 27476.1—2014《检测实验室安全 第 1 部分：总则》引言中指出：检测实验室在运行过程中可能会涉及电气、机械、非电离辐射、电离辐射、化学和微生物等危险因素。仪器分析室作为检测实验室的一种，它也毫不例外，同样存在安全问题。

大型仪器都是要用电的，有些仪器还属于高压电器范畴。如火花放电光电直读光谱仪，其工作电压可达数千伏。目前，尽管这些仪器都有安全保护装置，如果实验人员使用不当，也同样会造成人身伤害或者引起火灾。因此，安全用电是仪器实验室的首要因素。实验室内工作用电与照明用电，应分路设计和分别控制。新建实验室应预留综合布线系统的竖向贯通井道及预留设备位置。采用通风到桌的化学实验室，应单独设置三相动力电源，分别独立控制。实验室电气线路，应采用具有防火要求的暗敷配线方式，安装自动断电保护器，应有可靠的接地措施。仪器高压电源，必须按照国家行业标准 JB/T 1601—1993《额定电压 300/500V 橡皮绝缘固定敷设电线》的规定，单独敷设。其他电路电线敷设，要按照电工作业要求执行。所使用的电线必须是铜芯线，禁止用铝线。工作前，必须认真阅读仪器使用说明书及操作规程。按照指定顺序接通电源，只有在每台仪器功能都正常的情况下，才能进行检测或试验操作。若仪器功能不正常，应按逆向顺序关闭电源。高压电源电路中常有大电容，千万注意在使用之后关闭电源时，必须按规定使输出端短路放电。否则，高压会维持相当长的时间，从而留下有触电危险的后患。

仪器分析室的门窗，应根据人流安全疏散的要求进行设计。门窗的宽度不应小于1200mm，门扇上宜设观察窗，门框上部设采光通风窗。实验室窗台的适宜高度为 900～1000mm，实验室的窗宽度不应大于1200mm。门窗开启后，不应影响室内空间的使用和走廊通行的便利与安全。

仪器分析室中，有的仪器是需要通风换气的。比如原子吸收光谱仪，装有原子吸收罩等局部通风设备。其风速应连续可调，各风罩洞口风速应基本一致。最大风速下，可实现换气次数不低于 6 次/h。有的仪器还采用排风扇作为局部通风设施。排风扇安装，应设在外墙靠地面处，风扇的中心距地面不应小于300mm。

化学药品绝大多数有毒，有些药品剧毒，有些具有强腐蚀性，有些是易燃易爆药品。因此，必须注意分类存放，应设立药等专用贮藏室。上述这些药品不得随意带入仪器分析室。比如电感耦合等离子体发射光谱仪，在做有机物进样分析时，其所用有机试剂大多数都是易燃物，因此在实验时，要按照操作规程认真操作。

室内应有防火设施。仪器分析室要配有相应的消防器材，以保证发生火灾事故时随时取用扑救。仪器分析室的着火大都是电气着火，因此应配备气体灭火器。对灭火器的维护，至少每季度检查一次，检查内容包括：灭火器压力值是否处于正常压力范围、保险销和铅封是否完好、摆放是否稳固。灭火器箱不得上锁，避免日光曝晒和强辐射热，并保证灭火器在有效期内。若发现灭火器存在问题，必须委托有维修资质的维修单位进行维修。

仪器分析室常用的冷源是液体氮和液体氩，其常压下的沸点分别为 $-195.8℃$ 和 $-185.7℃$。同常温相比，温差甚大。因此，使用低温液体时，存在着一定的危险性。应注意：所盛低温液体的容器不能完全封死，必须留有供蒸气逸出的孔道。否则，由于不可避免的外界热量使低温液体温度逐渐升高，最后会导致装置损坏甚至爆炸。实验结束时，尤其不可疏忽大意。一定要把可能存有低温液体的密封部件的封口打开。盛有低温液体的焊接隔热钢瓶（杜瓦罐）真空夹层的封口必须保护好，切不可突然打开或充入过量气体。否则，由于绝热破坏，容器内液体迅速蒸发，有可能造成事故。使用玻璃杜瓦瓶时，应避免骤冷骤热。例如，灌注低温液体时，开始要慢，实验装置不要碰触冷玻璃壁。同时，应避免尖角划伤玻璃，否则该处遇冷时容易破裂。不要让低温液体触及人体，否则会造成冻伤。

第 10 章　化学实验室设计案例

10.1　化工厂中心化验室设计

在化工厂，实验室是为生产服务的部门。其主要任务是对原材料、中间过程和成品进行检测。根据检测任务可分为中心化验室和车间化验室。中心化验室主要承担原材料、成品的检测复验工作。其任务比较复杂，属于技术性工作。车间化验室主要对产品的中间过程进行检测控制。其位置设置在生产车间内，任务比较单一，属于重复性工作。因此，化工厂中心化验室的设计理念应坚持以人为本、高质高效的原则，即在保证人员的安全性、便捷性和舒适性基础上，体现高质高效。

在实验室的选址设计上，首先为了保证人的安全性，中心实验室最好设置在化工厂的上风向，并且要远离振源、噪声源、粉尘源和电磁干扰源。其次为了高质高效，这样选址也是避免车间灰尘和有害气体对分析化验结果的影响。最后为了方便各单位工作，其位置的直线距离和各生产车间与生产单位在 300~500m 之间。

图 10-1 所示为一化工企业理化实验室的一部分，实验室建筑面积约 1300m²，大小房间约 30 个。

化工厂的产品是生产化工中间体，在平面建筑布局上，是根据其工作流程来设置的。其日常工作流程是样品接受、样品分解、前处理、样品分析、报告输出、样品及试剂的回收处理。其中主要实验室有理化实验室、气相色谱室、红外光谱室、特殊仪器室、卡尔·费休水分室、生物化学室和滴定标液室。辅助室有样品准备室、前处理室、天平室、超声波室和质检办公室。

在实验室规划上，根据上述原则，把相关实验室组合在一起。生物化学室由于其专业独特性，可单独成套，安置在正东面；高温加热室和前处理室，应考虑风向问题，安置在正南面；气相色谱室、特殊仪器室和滴定标液室，应考虑关联性问题，安置在正西面；卡尔·费休水分室、红外光谱室、样品准备室和天平室安置在北面；考虑工作效率，将理化实验室设置在中间。

实验纯水用量较大，采用集中供水系统，安置在生物化学工作区域。实验室的给水系统，采用一根公称直径为 63mm 的进水管进行输入，再分别进入实验室用水管网和消火栓。进水总阀门设置在楼梯间。实验室的排水管道设置应满足分析化验洗涤的要求。室内总阀门应设在可操作位置。4 个下水道采用口径为 50mm 耐酸碱腐蚀的氯化聚氯乙烯（UPVC）材料。分析实验污水，经下水道排入生产污水管网。配备 2 个消火栓，40 个各种化学灭火设施。分析实验废弃的酸、碱、油污、化学试剂和废渣等废物应集中贮存于废物放置间，定期集中处理。高纯气体只有气相色谱仪使用，其用量较少，采用分散供气模式，高纯气瓶直接进入气相色谱室，放入配有防爆和泄爆措施的气瓶柜，用铰链固定。

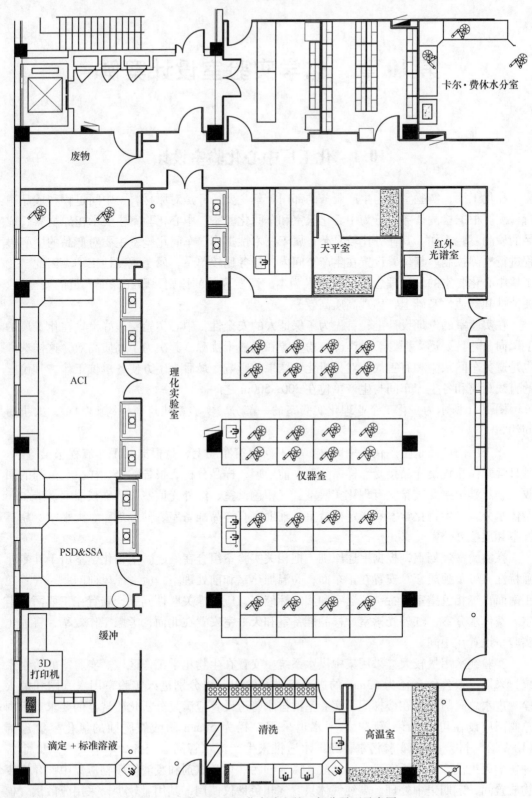

图 10-1　化工企业理化实验室的一部分平面示意图

在实验室建筑和结构设计上，其建筑物的耐火等级不低于二级。实验室的层高为3.6m，走廊宽度为2.5m，楼面荷载设计为3500N/m²。大房间应设双开门，小房间设单开门，门朝里开，有恒温恒湿要求的房间应设双道门（即设缓冲区）。隔断采用节能彩钢夹芯隔热板隔断。天花板结构采用轻钢做骨架，石膏板为天花板。实验室地面应平整、防滑、耐酸、耐碱、耐油及防静电。主墙体装饰1.2m绿油漆墙裙。房间安置双层活动窗，设遮阳窗帘，避免灰尘进入室内。

在实验室环境设计上，大部分实验室有恒温恒湿要求，实验室环境要求温度在18~28℃、湿度30%~70%。由于该化工厂车间也有相近要求，采用集中式空调系统（有除湿功能）控温控湿。在化学实验室实验过程中，会产生各种难闻、有腐蚀性、有毒或易爆的气体。这些有害气体如果长期在室内滞留，就会污染室内空气，就会影响实验人员的健康以及仪器设备的精密度及寿命，给工作带来隐患。因此，在实验室的通风系统设计中，对实验过程产生有害气体的房间，可设置排风柜进行局部通风。设置排风柜的实验室有气相色谱室、理化实验室、生物化学室、特殊仪器室、卡尔·费休水分室、前处理室和样品准备室。要求柜内设热源、水源、照明和防爆风机等。通风管道要耐酸碱腐蚀。对于合用一个风机的多台排风柜，每台排风柜都应有独立的控制按钮。

在实验室供电系统设计中，照明电送入每个房间。每个房间的照明按照250lx配置节能灯。动力电进入气相色谱室、理化实验室、生物化学室、特殊仪器室、卡尔·费休水分室、高温室和前处理室。每个实验室内设置了三相和单相交流电源和电源总开关，以便能切断室内电源。配置的应急照明系统保证30min以上的电源供应。实验台、排风柜及其他实验区域，按需求配置3个以上的三孔或五孔插座。安装方式采用嵌入式并安装在墙上。有实验台的房间，在台上安装一个电源插座，并配有三孔和五孔插座。实验室的接地系统，按照设备接地系统工作条件安装。实验室的烘箱、冰箱、恒温箱等固定设备，应有专用供电电源，确保实验结束时仍能正常运行。

实验室柜体通常分为实验台、实验用柜和排风柜等。实验室柜体不同于一般家具。它常与水、电气、化学物质以及仪器设备相接触。因此，对柜体的构造和材质提出了更高的要求。在追求环境舒适、安全的同时，应满足实验室的功能性、坚固性、耐腐蚀性以及安装布置的灵活性要求。选择组合式实验台，宽度750mm，高度800mm。其长度应根据各实验室大小来确定。台面要求平整、耐酸、耐碱、耐溶剂、防火、易于清洁，并且不易碰碎玻璃仪器等。对于仪器室的设备台要求能承重，宽度为900mm或1000mm，高度为800mm。放置分析仪器的设备台，距墙600mm，以便于气路安装、电路检修、仪器维修等。放置加热设备的设备台，要求坚固耐热，高度为800mm。放置天平的实验台，应安装防振设施。排风柜内衬及工作台面，应具有相应的耐腐蚀、防火、耐高温、防爆及防水等性能。排风柜的面板玻璃使用安全玻璃，每个排风柜应有独立的风道开启装置。药品柜配置普通药品柜、有毒药品柜和剧毒药品柜三种。药品应按不同性质分别存放。剧毒药品柜应由专人负责保管。

10.2　冶金企业化学实验室设计

冶金企业的实验室，是冶金生产工艺流程建设的重要组成部分，是确保冶金产品质量和促进企业技术进步的重要设施。化学实验室在冶金企业中是最重要的部分。冶金化学实验室分为中心化验室和炉前化验室。中心化验室的任务是对入厂的矿物原料、辅助材料等进行分析，对其进行鉴定，为验收和使用提供依据；对出厂产品进行检验，为判定产品质量提供数据；参与新品种金属材料的研制与开发，为科研和新品种的开发提供准确可靠的技术参数；对质量异议样品进行仲裁分析。炉前化验室的任务是对生产过程各工序的控制分析，指导改进生产工艺及操作，以保证生产稳定运行。

冶金企业化学实验室检测分析，通常是材料成分分析。其分析方法可分为化学分析法和光谱分析法。在实验过程中会用到大量的酸、碱，因此较好的抗腐蚀设计及良好的通风效果尤为重要。另外，在矿物分解加热等过程中会存在大量的高温实验，所以耐高温也是此类实验室设计要注意的重点。对于在矿物粉碎当中产生的粉尘，可以采用机械通风除尘的方法。实验过程中产生的酸、碱等废气，可以采用水喷淋处理的方式。另外，为了让这些光谱分析仪器长期正常地工作，应该有特定的环境要求，如应具有防火、防振、防电磁干扰、防潮、防腐蚀、防尘和防有害气体等功能。这些要求是由特定的仪器设备生产厂家提出的。工厂在新建实验室时，应按实际测试项目综合考虑，尽量满足必要的环境条件。

在实验室的选址设计上，首先是要保证人的安全性。一般冶金化学实验室、金相室和力学实验室，设置为一栋实验楼并要远离振源、噪声源、粉尘源和电磁干扰源，避免相互干扰。图 10-2 为一冶金企业化学实验室平面示意图，其中一楼为力学性能实验室，二楼为金相室，三楼为计量室，四楼为化学实验室。选址同样也要避免车间灰尘和铁路噪声对分析化验工作的影响。一般中心化验室远离车间，与各生产单位的直线距离在 $500 \sim 800 \mathrm{m}$ 之间；炉前化验室设置在车间内。中心化学实验室建筑面积约 $500 \mathrm{m}^2$，大小房间约 14 个，分别是化学分析室、ICP 光谱室、直读光谱室、X 荧光光谱室、分光光度计室、碳硫氮氢氧室、天平室、纯水室、标物标液室、高温炉室、制样室、气瓶室、样品储备室和储藏室。目前，炉前分析采用直读光谱分析，需要设置两个 $18 \mathrm{m}^2$ 房间：一个为光谱室，另一个为制样室。

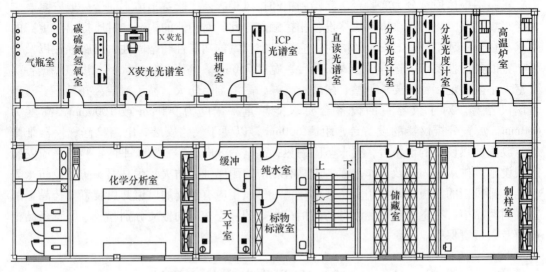

图 10-2　冶金企业化学实验室平面示意图

在空气清洁度方面上，ICP 光谱室、直读光谱室、X 荧光光谱室、分光光度计室和天平室，都有一定的要求。这是因为，空气中飘浮的灰尘会影响测量精密度、污染镜片、影响光学仪器的清晰度。尤其是酸性或离子化的灰尘，以及腐蚀性的气体，易助长生锈和发霉；会造成电子线路短路，对仪器设备的保养极为不利。为避免灰尘应安装空气净化器。

在温度和湿度方面，化学分析室、纯水室、高温炉室、制样室和样品储备室，一般要求为室温。其他实验室的环境要求，温度控制在 $18\sim25℃$，湿度 $30\%\sim70\%$。因此，温度和湿度过高过低都会对检测结果造成不良影响。尤其是以光波进行检测的仪器，由于进入检测器的光波受温度、气压、湿度变化影响很大，会导致光路系统发生较大偏离，从而大大影响分析结果的准确性。如天平、分光光度计、ICP 光谱仪、X 荧光光谱仪、光电直读光谱仪等，它们对环境的要求特别高。另外，相对湿度大时，水蒸气会在玻璃或光栅表面凝聚，会加速霉菌的繁殖，造成玻璃和光栅霉变，导致仪器设备无法正常开展工作；湿度过小时，由于环境干燥，灰尘吸附在仪器电路板及光学元件上，电路板上的灰尘积聚过多，会产生静电效应，产生火花，造成仪器故障。关键元件积灰同样也会使光路系统光路发生偏离，导致分析结果不准。因此，必须控制温度及湿度。为有利于控制精密仪器室内的温度，房间朝向最好取南朝北，可避免阳光的辐射，保持良好的通风条件。由于化学实验室面积较小，而各个实验室对环境要求不一样，为了降低使用成本，该实验室的控温采用分散式空调系统，即安装相匹配的空调。采用除湿机和空气过滤器，以控制湿度的大小和粉尘的多少。

在冶金企业中，振动源很多，比如锻压车间的锻锤。而化学实验室中精密仪器，如天平、ICP 光谱仪、X 荧光光谱仪、直读光谱仪、碳硫仪和氮氢氧仪等，对振动十分敏感。超过一定限度的振动或频繁的有限的小振动，将影响测试的精密度，降低设备的使用寿命，造成仪器设备出现故障甚至损坏。所以，建设试验室时应考虑其位置的问题。试验室应远离振源，选择在振动小的区域内。不要建在公路、铁路的两侧、生产车间旁。一般应远离铁路 100m、公路 20m。如果隔振的间距达不到要求，还可采取其他防振措施，如开挖防振沟、仪器设独立的基础。工作台要稳固，必要时加防振器等。另外，冶金企业实验室，应避免将材料试验室和化学试验室建在一起，以减少拉力试验机对实验室振动造成影响。

在用电方面，化学实验室用电分照明用电和设备用电。大型精密仪器要求电源稳压、恒流、稳频、无干扰。所以，化学实验室常常要求敷设独立电源线路或双路供电，以保证大型精密仪器的使用安全。可采用给大型仪器配稳压电源的办法解决电压不稳的问题。每间试验室应同时配有 380V 动力电和 220V 照明电。对于 24h 运行的仪器，需单独供电。所有仪器设备均由总开关控制。为保证用电安全，同一房间的所有仪器设备应由同一房间的配电箱中的开关控制。电炉、高温炉等电热设备，由专用开关控制。烘箱、冰箱，应设有专用插座。室内及走廊，要求安装应急灯，以备夜间突然停电后使用。对供电不正常的实验室，24h 运行的精密贵重设备，应使用 UPS 不间断的稳压电源，以便停电时延时供电，利于操作人员有足够的时间进行正常关机，由此减少因突然停电对仪器造成的损坏。对于电磁干扰，实验室应远离高压输电线 $30\sim50m$。为防止天车在运行过程中产生的电磁干扰，炼钢炉前化验室应沿房间的四壁围铁丝网并接地屏蔽。

实验室实验用水，包括纯水、洗涤用水。冶金化学实验室每天所用纯水在 20L 以内。不宜采用集中供纯水模式，应单独供水。即在纯水室安装 1 台纯水机或 10L 蒸馏水器即可解决。洗涤用水，可以采用自来水，要求有稳定的水压、水质和水量，以满足制备室纯净水、日常检测、洗涮玻璃器皿、清洁文明生产和防火等需要。由于使用大量酸、碱、盐化学试剂，化学分析室的排水系统应该单独设置。该系统需要配置废水处理或净化装置。废水经过处理后才能排入下水管路，以防止对环境的污染。排水管材料可采用 UPVC 管，以防止酸碱等物质对管路的严重腐蚀。

在冶金化学实验室，用于分析检测的大型精密仪器，通常需要氩气、氧气、氮气、氦气和氩甲烷作为载气或助燃气等，其用气量较大，可采用集中供气模式向需要用气的实验室供气，如 ICP 光谱室、直读光谱室、X 荧光光谱室和碳硫氮氢氧室。在规划设计时，这4 个实验室相隔距离不要太远，为了减少纯气输送距离，可以将气瓶室放到中间，按照 ICP 光谱室、X 荧光光谱室、气瓶室、直读光谱室、碳硫氮氢氧分析室的顺序进行布置。在各个实验室，以敷设 BA 级 316L 不锈钢管或耐高压塑料管的方式，将气路与仪器室连接起来。将气瓶统一放于气瓶室，用管路进行输送。这样便于管理、减少人工搬运、提高工作效率，同时保证人身安全，避免过多搬运钢瓶对人体造成不必要的伤害。

在冶金化学实验室中，常用的化学试剂有酸、碱、盐和少量的有机试剂。这些化学试剂中，部分属于有毒有害物品。这部分物品应考虑配置保险柜进行管理，存放的房间应安装防盗门，窗户应有防护栏。还有一部分是易燃易爆物品，应放在安全的药品库存放，并购置必要的消防器材。为保证人的生命安全，有必要建立紧急疏散的安全通道。化验室建筑及装饰材料应该具有耐火性或不易燃性。隔断可采用玻镁彩钢夹心隔热板或其他符合要求的轻质材料。天花板装饰，可以用轻钢骨架，以石膏板为天花板。化学分析室设置两个大门，外开。其他实验室设置一个大门。对于用气实验室，设计时应建立相应的高温防火、防烟报警装置，配备必要的防火器材。

在冶金化学实验室中，安装排风柜的实验室是化学分析室。这是因为在样品溶解过程中，会产生有毒有害的气体。排风柜可采用防火防爆的金属材料（或玻璃钢或 PP 材质）制作。通风管道能耐酸、碱、气体腐蚀，风机可安装在屋顶，并应有减少振动和噪声的装置。排气管应高于层顶 2m 以上。如果排风需求量大可采用集中排风。不同层间用同一个风机和通风管道，避免发生交叉污染。排风柜应设置在空气流动小的地方，不要靠近门窗。对于外排的酸雾，应增加相应的处理设施。可采用湿法中和、干法分子筛活性炭吸附过滤的办法，以减少有害气体向大气中的排放，更好地保护环境，减少污染。

在药品保管及检验过程中，采用换气机、空气净化器，加强室内空气流通。在加热过程中，产生有害气体的实验，需要安装排风柜，其具体要求同上。对于 ICP 光谱仪而言，在检测运行过程中，有大量的热和废液需要排除，该两类物质毒性较小，可安装适宜的不锈钢吸收罩直接排出。药品储存库，由于存在挥发性试剂，长期存放过程中，房间空气会有刺激性味道，可损伤人的呼吸系统。为了避免人员受到伤害，可安装适宜换气扇将其直接排出至室外。

10.3　高校化学实验室设计

化学实验室是高等院校建设的重要组成部分，是确保教学和科研发展的重要因素。在高校，化学实验室的设置主要是根据教学任务来确定的。如果是纯理科背景的大学，化学实验室只有基础化学实验室，即无机化学室、有机化学实验室、分析化学实验室和物理化学实验室。如果是具有工科背景的大学，除了上述的基础化学实验室外，还有仪器分析实验室、材料化学实验室、化工基础实验室和化工模拟实验室等。有的大学除了承担教学任务外，还承担国家和地方的科研任务，设置了现代仪器测试中心。其中心设置有原子吸收光谱实验室、红外光谱实验室、紫外光谱实验室、气相色谱实验室、高效液相色谱实验室、等离子体发射光谱实验室、原子发射光谱实验室、电化学分析实验室、核磁共振波谱实验室等。形成了功能齐全、技术先进及手段完备的分析测试体系来承担仪器分析实验教学、科学研究测试、科研项目及对外技术服务等工作。下面就某个师范学院的化学实验楼的设计进行说明。

在实验室选择方面，由于化学实验室使用大量的有机、无机化学试剂，甚至有毒化学药品，对环境污染较大，因此，在选址设计时首先为了保证人的安全，实验室位置应该远离人群较多的地方，比如教学楼、办公楼和学生宿舍；其次，由于灰尘、烟雾、噪声和振动源等对实验室结果有影响，因此其选择不应该在交通要道、锅炉房及机房附近。该师范学院的化学专业属于纯理科背景，化学实验教学只有基础化学实验，其规模在高校属于中型实验室，化学实验室的任务是承担实验教学任务和少量科研任务。化学实验楼平面呈"一"字型，为减少太阳西晒时间，位置为南北朝向。4个楼层外加一个地下室，建筑面积约 2500m²。

化学实验楼的楼层分布是：

一楼实验室面积约 600m²。其中有 1 间办公室、1 间电工维修室、1 间门卫室、1 间更衣室、1 间耗材仓库、1 间气瓶仓库、1 间化学试剂仓库。

二楼实验室面积约 600m²。其中有 4 间物理化学实验室、2 间仪器分析室、1 间准备室。1 间实验室安排 4 个实验项目，每个实验项目有 4 套仪器。物理化学实验室的每套仪器由 2 名学生协助操作。每个实验室可以容纳 32 名同学同时做实验。实验安排采取循环轮流方式进行。实验室涵盖了热力学、电化学、动力学、表面现象和胶体化学等专业。物理化学实验室平面设计见图 10-3。

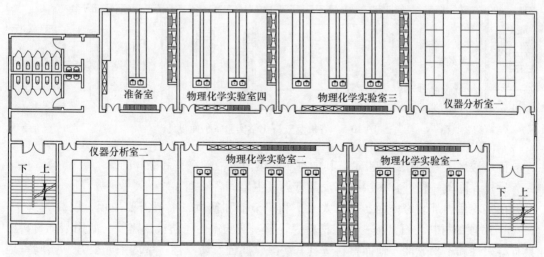

图 10-3　物理化学实验室平面设计

三楼实验室面积约 600m²。其中有 2 间无机化学实验室、2 间分析化学实验室、2 间天平室、2 间准备室、1 间分光光度室、1 间高温加热室。无机化学实验室平面设计见图 10-4。

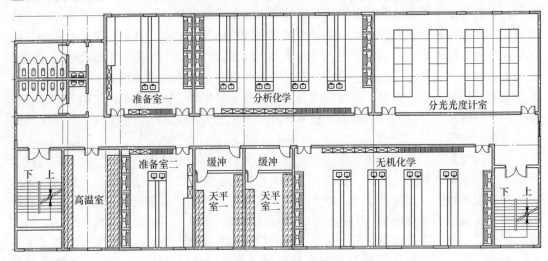

图 10-4　无机化学实验室平面设计

　　四楼实验室面积约 300m²。其中有 2 间有机化学实验室、2 间仪器室、1 间纯水室、1 间准备室。有机及分析化学实验室平面设计见图 10-5。

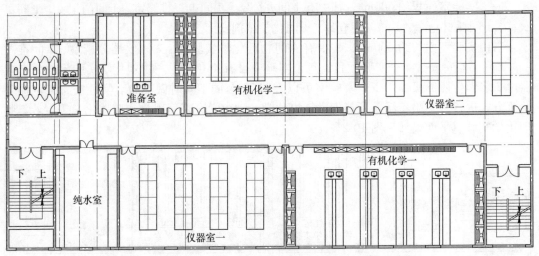

图 10-5　有机及分析化学实验室平面设计

　　负一楼地下室面积约 300m²。其中有实验废渣废液储藏室和杂物间。

　　另外，除负一楼外，每层楼都设置有男女卫生间各一间。

　　在实验室内部装修方面，空间太大不利于节能和换风，一般需要吊顶，层高为 2.4~2.7m。吊顶的材料为石膏板；骨架材料为轻钢。实验室由于防火的需要，所用装饰材料应具有耐火性和不易燃性。地面材料应具有防酸碱腐蚀及防滑性。室内采光要好。实验室地板，可采用地板砖或聚氯乙烯（PVC）。走廊采用地板砖。考虑师生遇险逃生，大实验室应该设置有两道门。所有门都向外开。为了方便仪器的进入，精密仪器实验室应该设置双开门，宽度在 1.8m 左右。同时，为了保证仪器不受阳光直射，其位置应该安排在阴面。

为了考虑仪器的负重，实验楼楼面荷载设计为 $3500N/m^2$。

在各化学实验室实验台设计中，每张中央实验台的设计标准，应可容纳 8 个学生同时做实验。试验台选用钢木结构，钢木结构的主架经过化学防锈处理。方钢管尺寸规格为 $40mm×60mm×1.5mm$。有机化学室和无机化学实验室，应选用 13mm 厚的环氧树脂板，以适应实验常用到的酸、碱、有机溶剂。分析化学实验室和物理化学实验室，应选用 13mm 厚的实芯理化板。仪器室的仪器台用角钢制成，角钢厚度最好大于 1.5mm。为了保证台面结实和稳固，台面采用 19mm 厚的实心理化板，采用无抽屉设计。试验台柜门的铰链开启角度为 90°。柜门开启角度小于 15°时，该柜门能自动关闭。另外，为了方便仪器的安装和维修，仪器台应距离墙体约 60cm。为了便于师生走动，中央实验台之间的距离为 1.3m，中央实验台与边台之间的距离为 1.2m。

实验室的给排水系统应满足实验教学要求。在四大基础化学实验室（有机、无机、分析和物化实验室）中，供水要保证必要的水压、水质和水量。在中央实验台两侧的边台上，各安置一个洗涤槽，并设置独立的水控制开关。有机实验室的用水量比其他实验室要大，因此，水管直径应比其他实验室大 1 倍。除此之外，为了保证有机化学的真空蒸馏实验，在有机实验室的每个中央实验台配置 2 个水抽滤器，以做实验使用。排水装置用耐酸碱腐蚀的聚氯乙烯（PVC）管材安装，接口用焊枪焊接，其管径尺寸要足够大，以防堵塞。无机化学实验室、有机化学实验室和分析化学实验室的实验台，都应安装水管、水龙头、水槽、紧急冲淋器和洗眼器。地面要安装地漏。由于实验室下水有试剂的味道，因此应使用反渗地漏。天平室、高温加热室、仪器室无供排水装置，可不设置地漏。为了师生的安全，上述基础化学实验室还安装了紧急洗眼器、紧急喷淋装置和消毒盥洗设施。

实验室用电分为仪器设备用电和照明用电。照明用电与仪器设备用电应分设线路。根据用电实际需求，选择合适配电导线的线径。为了保证实验室内环境整洁和不易积尘，在电线敷设时应采用穿管暗敷设的方式。实验室因有消化、烘干、通风和仪器等方面的要求，用电功率较大，远大于一般的办公用电。供电功率应根据用电总负荷设计，并留有余地。电源应采用三相五线制预留电缆，中性线和接地线不能混用。实验室应有单相和三相电源。整个实验室要有总电源箱，各个单间应有分配电箱。每张实验台的两边各配置 2 个多用插座，并设置漏电保护开关。为了保证电冰箱在切断实验室总电源时继续工作，应接专用供电电源。每个房间所用功率是多少，必须在设计时就计算好。电源插座应根据仪器设备的要求，配置 16A 和 10A 两种，一般配置 16A。一个房间要留有多个插座，每个插座应分别独立布线。实验室照明应有足够亮度，最好使用日光灯。在室内及走廊，要安装应急灯。在设计实验室电线敷设布局时，根据不同仪器设备用电的要求，预留好相应的功率。在此首先需了解每个房间所需功率，还要了解所放置仪器设备的功率是多少，然后在 220V 电压下，根据铜线（$1mm^2$）可承载的功率是 1000W 左右、电流 3~5A 计算出需要敷设哪种电线。电感耦合等离子发射光谱质谱仪、等离子发射光谱仪和原子吸收分光光度计，属于功率比较大的仪器，因此要求电线直径大于 8mm、电流大于 40A。另外，对于功率大的仪器和设备，不能使用插座和插头，否则很容易烧坏或引起火灾。烘箱、高温炉、电热板、消化炉等高功率的电热设备，应直接连到空气开关上。大型精密仪器对电压的稳定性及安全性要求较高，除了安装必要的稳压电源外，还应该设置专用地线。仪器地线不同于建筑物防雷接地线，应单独设立，在实验室建设过程中应提前埋设好。仪器地线接地电阻应小于 1Ω。

在实验室照明方面上，实验室采光要好。根据目前高校学生人数较多、晚上开设实验课成为常态的情况，室内要装有足够数量的灯管。实验室核心区域照明度不小于 250lx，附属区域照明度不小于 150lx。灯光布置时，要考虑到灯影对观察实验现象的影响。解决办法是采用日光灯单管正方形排布方式以提高采光率，达到灯下无影的效果，或采用补充光来填充阴影区域。

在化学实验室通风方面上，由于化学实验过程中会产生刺激性及腐蚀性的有毒有害气体污染室内环境，影响师生身体健康及仪器设备的精密度和使用寿命，因此，良好的通风条件是每个实验室必须具备的。实验室气流方向设计，应从低危险区向高危险区流动。准备室始终保持相对于走廊和实验室的正压。使用化学药品的实验室应始终保持良好的通风。实验室工作区域压力相对于走廊和非实验区域始终保持相对的负压。实验室通常情况下，保证换气次数 4~12 次/h。送风管一般使用 PP 材料或镀锌钢板，排风管使用 PP 板，接口处要防止开裂，以免造成漏风、渗水。实验室常用的局部排风设备是排风柜。其数量配置要足够，要能满足化学实验的需要。排风柜一般采用全钢材质柜体，基材厚度不小于 1.2mm。钢制部件表面要经酸洗磷化、阿克苏诺贝尔牌环氧粉末静电喷涂，喷涂厚度在 80~90μm。台面为了便于使用清理，应使用耐酸碱的陶瓷台面。排风柜通风量为 0.4~0.65m/s。开启排风柜的柜门时，通风量会有变化。另外，设计时还要考虑通风管内空气流通对室内噪声的影响，充分考虑降噪要求。因此，可采用变频控制技术对风机进行调速，使风量可调。无机和分析化学实验过程中产生的有毒有害气体，主要刺激人体的呼吸系统，况且瞬间浓度很高，这些气体可采用桌式通风系统及时排出。排风柜内应有照明装置，并安装酸气冷凝回收装置。有机化学实验除称量外，都需要在排风柜中进行，排风柜内应有水源和照明装置。实验过程产生的气体，其刺激性虽然不及无机气体，但是毒性远远大于无机气体，如果不及时排出，长期吸入可损害人的造血功能。可采用桌面排风和顶部排风相结合的方式排出。作为演示实验用的排风柜，一般设置在实验室前墙的一端。学生实验用的排风柜可设置在实验室后墙的位置，每室数量以 3~5 个为宜。为了节约能源，一个房间可使用一个风机，即排风柜排放应相对集中，如有机化学实验前处理集中在一个房间，无机化学实验前处理集中在另外一个房间。有机和无机的排风设施一定要分开，避免在排风过程中易燃易爆有机试剂与强氧化性无机试剂混合而发生爆炸。有机试剂易燃，无机前处理一般需要加热，两者相混在一起易发生火灾。有机、无机排风管道应使用不同的材料，以减少试剂腐蚀，延长使用寿命。要求风机耐腐蚀，现在一般使用玻璃钢材质的风机。除此之外，实验室内还应设置排气风扇，以便及时排除室内污染的空气，换气次数为 5 次/h。有些化学气体比空气密度大，易积存于房间的下部，有些密度较小的气体易浮于房间的上部。因此，排风扇应在窗台下部及窗口上部分别设置。比如物理化学的极谱实验要用到金属汞，汞具有挥发性，其密度比空气大，因此排气风扇应该设置在墙的下方。

实验室环境适宜温度，夏季为 22~27℃，冬季为 18~22℃；湿度在 40%~70%。为保证人员操作的舒适性和仪器设备的稳定性，实验室要进行温湿度控制。由于实验室面积较大，该实验室采用中央空调控制。将冷风出口建在地板上，以避免结露对仪器造成损害。除此之外，仪器室使用防静电地面设计，每个仪器实验室还配置一台除湿机进行湿度控制。

为了保护环境，保证人的身体健康，化学实验室的"三废"（废气、废液和废渣）要经过环保处理才能排出。化学实验的废气有无机样品处理时产生的酸气、有机样品处理时产生的废气和仪器工作时产生的废气。如果实验室废气的处理量少可直接排出室外，不能侧排，一定要顶排，且要求高出附近房顶 3m 以上。无机样品处理时，产生的酸气的排放方式是通过排风柜将酸气排放到酸雾净化塔中（放在楼顶上），通过用水淋洗将酸气冷凝和用碱中和，达到排放标准后排放，排放的管道不能与市政管道合并。有机样品处理时，产生的废气的排放方式是通过排风柜将废气排放到废气吸收装置中（放在楼顶上），通过活性炭、碳化纤维等材料将废气吸附。处理后的废气要达到国家标准 GB 3095—2012《环境空气质量标准》中规定的要求。仪器工作时，产生的废气主要有机械泵、检测器和光谱仪废气。这些气体都是空气或氩气，对环境影响较小，可以直接排到室外。比如机械泵工作时产生的废气，可在墙上打个孔，将废气管通到室外直接排出。检测器和光谱仪产生的废气（氩气）可通到仪器上方的排风罩中直接排出。化学实验的废液有废弃的有机溶剂、实验过程产生的废液和污水。这些废液含有各种化学物质，未经处理直接排入下水管道会给周围环境及水资源带来不同程度的污染，不仅对人体有害，而且还会对其他行业的生产造成很大损失。因此，化学实验室建设设计时，采取有机溶剂回收系统和无机废液处理系统来处理。本实验楼有机溶剂回收系统将不同种类的有机溶剂进行分馏，回收再利用，无再利用价值的废液再进行氧化处理。无机废液处理系统，先将含有不同无机物的废水进行分类沉降，过滤除去绝大部分无机物，再进行氧化吸附等无害化处理。

在化学实验过程中要使用各种气体，如火焰原子吸收光谱仪使用乙炔气、石墨炉使用氩气、气相色谱仪使用氢气和氮气、气相色谱串联质谱仪使用氦气、液相色谱串联质谱仪使用氮气。化学实验室供气方式有两种：一种是统一建气瓶室，将所有气体放置其中，然后通过管路将气体引到所需的房间；另一种是在需要气体的房间放置气瓶柜，将气瓶放置其中。由于上述仪器并不是实验教学仪器，是科研仪器，使用频率较低，故采用第二种供气模式。在使用过程中，气瓶一定要固定，绝不能靠近火源、直接日晒或置于高温房间等温度可能升高的地方。实验室使用的压缩气体钢瓶，应保持较少的使用量。

化学实验室应根据消防要求设置消防给水系统，即每个房间和楼道都要有消防装置。每层楼安置两个室内消火栓，其位置分别在走廊两头。实验室内应有消防沙箱、泡沫灭火器和气体灭火器等辅助性灭火工具，并安放在规定位置。仪器室内不宜配用沙箱、泡沫灭火器，同时也不能用消防喷淋，应配置二氧化碳灭火器，以免损坏贵重仪器设备。

另外天平室有两间，其位置设置在三楼，每间面积约 30m²，可供 30 个学生同时操作使用。为了防止振动，天平台为砖砌水泥台。化学试剂储存库和耗材储存库都设置在一楼。化学试剂按性质分类放置，氧化剂与还原剂分开。易燃易爆品单独存放，要有通风设施，保证安全。为了避光，储存库配有黑色窗帘。

10.4 环境检测实验室设计

环境检测通过对影响环境质量因素的代表值的测定，确定环境质量（或污染程度）及其变化趋势。它是为国家环境保护决策和环境科学管理提供科学、准确、及时的检测信息，是维护国家环境安全、保障人民群众健康、促进社会经济全面可持续发展的重要基础。检测技术包括采样技术、测试技术和数据处理技术。它是以环境为对象，运用物理的、化学的和生物的技术手段，对其中的污染物及其有关的组成成分进行定性、定量和系统的综合分析，以探索研究环境质量的变化规律。其任务是对环境样品中污染物的组成进行鉴定和测试，并研究在一定历史时期和一定空间内环境质量的性质、组成和结构。其主要内容包括：大气环境检测、水环境检测、土壤环境检测、固体废弃物检测、环境生物检测、环境放射性检测和环境噪声检测等。气的检测包括环境空气检测、废气检测；水的检测包括地表水检测、地下水检测、生活饮用水检测和废水检测；渣的检测包括固体废物检测和危险废物检测。下面以一个地级市的环境检测站实验室设计为例进行说明（见图 10-6、图 10-7）。该单位主要负责监督管理全市大气、水体、土壤、噪声、固体废物和有毒化学品等污染防治工作。日常检测项目为水质检测、空气检测和土壤检测。水质检测项目的物理指标有 pH 值、浊度、色度和电导率，化学指标有 COD、BOD、金属污染物、非金属无机物、特定有机化合物。空气检测项目有 PM10、二氧化硫、二氧化碳、一氧化碳和臭氧。土壤检测项目有铜、锌、铅、镉和有机农药等。

　　环境检测实验室的选址，首先要远离交通干线、人口稠密的居民区、生产废气和烟尘的工厂。实验室方位呈南北朝向，避免阳光直射影响检测结果。因此，该实验室选址在离闹市区 8km 的城乡结合部，人口密度较小，无工厂，离主干道和高速公路直线距离分别为 1km 和 1.5km。该实验楼是一个四层楼外加一个地下室。其中一楼、二楼是市环保局的办公室，三楼、四楼为环境检测实验室。环境检测实验室面积约 800m^2，大小房间 20 间，各房间面积及配置见表 10-1。环境检测实验室平面设计见图 10-6 和图 10-7。

表 10-1　环境检测实验室建筑面积及配置

房间名称	面积/m^2	楼层	仪器设备配置
办公室	40	三楼	办公桌、电脑、打印机、复印机、空调等
试样制备室	50	三楼	研磨机、冰箱、恒温箱、实验台、各种采样器等
样品储藏室	30	三楼	各种样品储存柜、样品放置架、恒温箱、柜机空调
试剂储藏室	40	三楼	化学试剂分类储存柜、空调、保险柜、换气扇和报警装置
耗材储藏室	30	三楼	玻璃仪器、标准物质储存柜、冰箱、柜子
档案室	30	三楼	空调、文件柜、保险柜
无菌室	30	三楼	
纯水室	30	三楼	1 台 20L 纯水机、1 台 10L 蒸馏水器
基础指标分析室	70	三楼	有机总碳分析仪、pH 计、COD 测定仪、BOD 测定仪、空调、除湿机、稳压电源、气瓶柜
卫生间（2 间）	40	三楼	
化学分析室	70	四楼	空调、酸式滴定管、碱式滴定管、锥形瓶、滴定台等各种化学分析所需仪器
天平室	30	四楼	万分之一分析天平、十万分之一分析天平、干燥器、空调、除湿机
高温加热室	30	四楼	马弗炉、电热恒温干燥箱
原子吸收光谱室	50	四楼	石墨炉原子吸收光谱仪、空调、除湿机、稳压电源、原子吸收罩和气瓶柜
原子荧光光谱室	40	四楼	原子荧光光谱仪、空调、除湿机、稳压电源和气瓶柜
红外紫外光谱室	30	四楼	紫外可见分光光度计、红外测油仪、空调、除湿机
气相色谱室	40	四楼	气相色谱仪、空调、除湿机、稳压电源和气瓶柜
离子色谱室	30	四楼	离子色谱仪、便携式氨氮分析仪、空调、除湿机、稳压电源
液相色谱仪	30	四楼	高效液相色谱仪、空调、除湿机、稳压电源和气瓶柜
卫生间（2 间）	40	四楼	

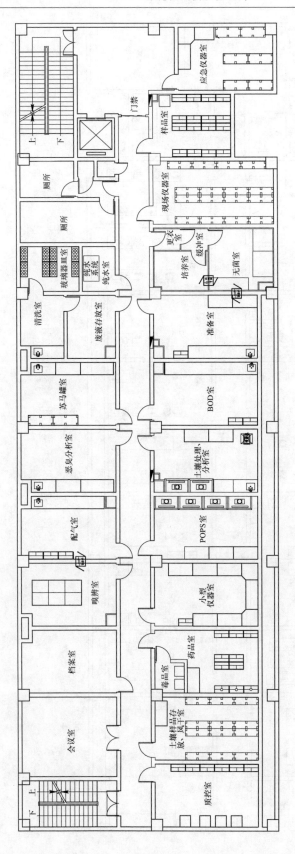

图 10-6 三楼环境检测实验室平面设计

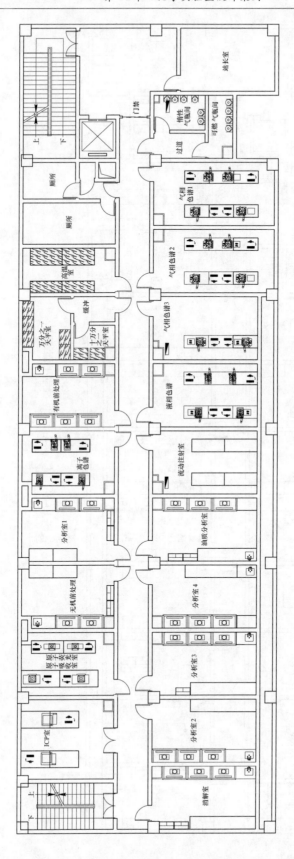

图 10-7　四楼环境检测实验室平面设计

环境检测实验室用电分为仪器设备用电和照明用电，照明用电与仪器设备用电应分设线路。根据用电实际需求，选择合适配电导线的线径。为了保证实验室内环境整洁和不易积尘，电线敷设时采用穿管暗敷设的方式。在边台内和中央台任一端距离端头 300mm 中间位置，敷设 1 组 1000mm、4mm² 的单相 220V 交流电源线头（三线制：L 火线、N 零线、E 地线），高出地面，供台面上试剂架、设备或电线槽用。气瓶柜、药品柜（带排风）及超净台的用电电源插座为单相 220V 交流电，布置在离地高 1200mm、距柜体边 100～200mm 处，均为两插位（五孔多功能插座）墙面嵌式暗装插座。电脑台、仪器台、天平台的用电电源，布置在墙面正对台面中间离地面 500mm 高墙上，预留 1 组 1000mm、4mm² 的单相 220V 交流电源线头。除此之外，每个实验室应有分配电箱。整个实验室要有总配电箱。为了保证电冰箱不会因切断实验室的总电源而停止工作，应接专用供电电源。电源插座应根据仪器设备的要求，配置 16A 和 10A 两种，一般配置 16A。一个房间要留有多个插座，每个插座应独立布线。

实验室给水系统是一根 DN63mm 自来水管。实验室水管由土建方通过预埋管铺设在地板下面，引到各用水点指定位置。实验室水管敷设设计，在中央台水池的上下水管路预埋点，应布置在正对水槽的落水口下方，上水管规格为 DN20mm，高出地面 180mm，带控制水阀；下水管规格为 DN50mm，高出地面 100mm。洗涤池水槽的上水及下水管路预埋点布置在地面上，正对台面中间离开台面靠墙边距离 350mm 处位置。上水管规格为 DN20mm，高出地面 180mm，带控制水阀；下水管规格为 DN50mm，高出地面 100mm。角柜水池的上水及下水管路预埋点布置在地面上，正对台面离开台面靠墙两直角边距离 450mm 处中心位置。上水管规格为 DN20mm，高出地面 180mm，带控制水阀；下水管规格为 DN50mm，高出地面 100mm。排风柜的洗涤池水槽的上水及下水管路预埋点，布置在排风柜背面靠墙边距离 100mm 且离柜体右边 250mm 处位置；上水管规格为 DN20mm，高出地面 180mm，带控制水阀；下水管规格为 DN50mm，高出地面 100mm。实验室的生活用水和洗涤用水，经市政管道排出，实验过程中产生的废液和废渣装入指定容器内，由专业化公司处理。

在实验室照明方面，采光要好，室内要装有足够数量的灯管。本实验室照明使用日光灯，并要在室内及走廊安装应急灯。实验室核心区域照明度不小于 250lx，附属区域照明度不小于 150lx。灯光布置时，要考虑到灯影对观察实验现象的影响，解决办法是采用日光灯单管正方形排布方式以提高采光率，达到灯下无影的效果，或采用补充光来填充阴影区域。

环境检测实验室环境适宜温度为 18～25℃，湿度在 40%～70%。为保证人员操作的舒适性和仪器设备的稳定性，实验室要进行温湿度控制。因此，在每个实验室都配有适宜的柜式空调和除湿机。除此之外，仪器室使用防静电地面设计，每个仪器实验室还配置一台除湿机进行湿度控制。由于高纯气体和纯水用量不是很大，没有安装集中供气和供水系统，需要用气的实验室安装有报警和铰链的气瓶柜。实验用纯水是在纯水室制取，制取好的纯水装 5L 聚乙烯瓶里，转运到各用水实验室。

环境检测实验室通风系统设计，首先要求风速及风量稳定、噪声低，符合国家相关标准及要求。其次排气顺畅、无异味逸出，气体排放符合国家规定的排放标准。排风柜入口表面平均风速设计为（0.5±0.1）m/s。1500mm×800mm 排风柜共计 5 台，排风柜用电子调风阀与变频来平衡系统的排风量，系统设计风量为 8500m³/h。为了不破坏建筑物整体美观和结构，排风系统的通风管道系统设计采用楼顶排放方式，即主管采用穿墙及走外墙方式，支管安装在天花板内。消声器与风机连接后，再与玻璃钢水喷淋废气处理塔连接。选用 4kW 风机，风量 6840~12720m³/h，压力 1136~784Pa。风机安装在楼顶，对整个通风系统进行变频控制。排风系统采用优质玻璃钢离心风机，其位置安装在楼顶。通风系统风管材料采用 PVC 成型管材。所有管道的设计压力均小于 1500Pa。其中风管主管的外径为 400mm，壁厚为 6mm。支管外径为 320mm，壁厚为 4mm，并采用成型管件连接。根据国家标准，实验室室内通风噪声必须控制在 60dB（A），在所有排风系统入口处设置消声器。消声器壳体整体采用具有防水及抗腐蚀功能的白色 PP 板材。为了消声材料使用寿命长，不易损坏和被气流吹走，消声器内使用玻璃丝布和超细玻璃吸声棉不锈钢网加固。为了便于安装维修方便，以及消声效果好，消声器内管截面的突变和外管之间的膨胀所构成的外壳设计成矩形。为了避免风机振动影响通风系统，风机底座采用混凝土基础，在风机底座与风机底座连接处加弹簧减振器或橡胶减振垫。在风机出风口与风管连接处，必须使用软连接，可使风机运行时所产生的噪声和振动不通过风管传递到每层实验室。

实验室废气为无机气体和有机气体。无机气体主要是酸性气体，排放方式是通过排风柜将气体排放到酸雾净化塔中（放在楼顶上），再用水淋洗将酸气冷凝和用碱中和，达到排放标准后排放。有机气体排放的方式是通过排风柜将废气排放到废气吸收装置中（放在楼顶上），再用活性炭、碳化纤维等材料将废气吸附，处理后的废气达到国家标准 GB 3095—2012《环境空气质量标准》中规定的要求。

实验室应根据消防要求，设置消防给水系统，即每个房间和楼道都要有消防装置。每层楼安置两个室内消火栓，其位置分别在走廊两头。实验室内应有消防沙箱、泡沫灭火器和气体灭火器等辅助性灭火工具，并放在规定位置。仪器室内不宜配用沙箱、泡沫灭火器，同时也不能用消防喷淋，应配置二氧化碳灭火器，以免损坏贵重仪器设备。

试样室对环境的要求是通风顺畅，避免热源、水分和杂物的干扰。设置粉尘、废气的收集和排除装置，避免制样过程中粉尘、废气等有害物质对其他试样的污染。样品室应配备冰箱、抽风机和空调等设备，保障样品贮存环境条件。样品的贮存，应分类存放在样品柜中，并标示清楚。样品贮存环境，应安全、无腐蚀、清洁干燥且通风良好。对要求在特定环境条件下贮存的样品，应严格控制环境条件。

化学分析室内部的装修材料，用耐火或不易燃的材料建成，隔断采用玻镁彩钢夹心隔热板，天花板的骨架为轻钢，天花板是石膏板，以免发生意外火灾时，化学分析室中的有毒有害物质外泄造成人员伤亡及财产安全损失。地板采用水磨石地面。窗户具备防尘功能。室内采光良好，门向外开。为了便于发生意外事故时，室内人员能够安全快速撤离，化学分析室设置有两个出口。

仪器分析室对环境的要求，具有防火、防振、防电磁干扰、防潮、防腐蚀、防尘、防有害气体侵入等功能。室温尽可能保持恒定，温度应在 18~25℃，湿度 60%~70%。实验室内的仪器设备较多，建筑面积须较大，为了避免仪器间的相互干扰，应该将大房间分成若干个小房间，仪器设备分开放置。为保持一般仪器良好的使用性能，电压要稳定，各台分析仪器都配置稳压电源，并具有良好的通风条件。由于部分仪器实验工作中常常会产生有毒或易燃气体，实验室的通风设备可选用 VAV 变风量智能通风系统进行控制。

要求辅助室具有防明火、防潮湿、防高温、防日光直射、防雷电的功能。药品储藏室房间应朝北、干燥、通风良好，门窗应坚固，窗为高窗并设遮阳板。

参 考 文 献

[1] 陈必友，李启华. 工厂分析化验手册 [M]. 2 版. 北京：化学工业出版社，2009.

[2] 周西林，李启华，胡德声. 实用等离子体发射光谱分析技术 [M]. 北京：国防工业出版社，2012.

[3] 周西林，韩宗才，叶建平，等. 原子光谱仪器操作入门 [M]. 北京：国防工业出版社，2015.

[4] 张和根，叶反修. 光电直读光谱仪技术 [M]. 北京：冶金工业出版社，2011.

[5] 王培丽. 高校实验楼给水排水设计关键问题及对策 [J]. 给水排水，2016，42（S1）：227~229.

[6] 赵翔. 关于化学实验室 VAV 控制的设计和实践 [J]. 智能建筑与城市信息，2011（3）：74~78.

[7] 丁智军，李家泉. 化学实验室通风及废气治理工程设计 [J]. 中国环保产业，2008（6）：42~46.

[8] 庞志华，苏兆征，罗隽，等. 科研单位实验室废水处理工程设计与分析 [J]. 给水排水，2012，38（1）：70~72.

[9] 王辉，李秀杰，董晶. 理化实验室的设计与建设 [J]. 化学分析计量，2012，21（4）：90~93.

[10] 吴常军，黄国涛. 某综合检验楼给排水设计关键问题探讨 [J]. 工程与建设，2016，30（2）：165~166，188.

[11] 王春丽. 实验类建筑给排水及消防系统研究 [D]. 重庆：重庆大学城市建设与环境工程学院，2015.

[12] 王楹，张颖. 实验室纯水系统设计经验 [J]. 中国给水排水，2013，29（18）：97~99.

[13] 孙雁，王秋长，翟玉平. 有机化学实验室废液处理方法初探 [J]. 实验室科学，2005（4）：73~75.

[14] 侯德顺，钟红梅. 化学实验室常见废弃物的处理 [J]. 河北化工，2009，32（5）：72~73.

[15] 孔焌. 化学实验室的安全防火措施 [J]. 广东化工，2012，39（9）：54.

[16] 曾志杰，马豫峰，唐中坤，等. 化学实验室废弃物的处理与思考 [J]. 南方医学教育，2012（1）：17~18.

[17] 赵国华. 化学实验室火灾、爆炸原因分析及防火防爆措施 [J]. 工业安全与防尘，1999（6）：1~2.

[18] 朱轶勋，刘传聚，等. 化学实验室空调通风系统设计及调试 [J]. 建筑热能通风空调，1999（3）：53~54.

[19] 于承志，倪训松，等. 化学实验室通风空调自控系统设计和调试 [J]. 暖通空调，2014（12）：32~34，12.

[20] 马慧平. 化学药品库和实验室火灾爆炸原因分析与防范措施 [J]. 石油安全通讯，2000（1）：26~27.

[21] 赖文彬. 理化实验室的通风空调设计 [J]. 制冷，2007，26（2）：73~76.

[22] 刘丹青. 某实验室通风空调系统设计 [J]. 山西建筑，2012，38（23）：135~136.

[23] 石建坤，等. 浅谈实验室通风空调系统的设计 [J]. 空调暖通技术，2012（3）：28~33.

[24] 张翠粉，徐苏娟. 实验室常见化学废弃物的危害及处理 [J]. 污染防治技术，2007，20（3）：71~72.

[25] 李阳春. 实验室空调通风系统优化设计 [J]. 实验室技术与管理，2004，21（6）：106~108.

[26] 郑广慧. 实验室通风空调设计浅谈 [J]. 核工程研究与设计，2007（12）：40~43.

[27] 王晓春，梁迎新，王亮，等. 实验室精密仪器设备防雷电及过压保护系统研究与实施 [J]. 实验技术与管理，2012，29（5）：101~104.

[28] 吴金龙，晁小芳，赵挺，等. 样品形状对直读光谱分析结果的影响 [J]. 检验检疫学刊，2013

（3）：15~18.

[29] 赵晓光，薛燕．分析仪器实验室的接地系统［J］．现代仪器，2011，17（4）：14~16，19.

[30] 汪大海．大型精密仪器设备接地保护装置的设计与安装［J］．实验技术与管理，2006，23（6）：23~25.

[31] 金雷鸣．实验室供电电源的要求及检测［J］．上海计量测试，2007（4）：21~22.

[32] 姜福泉，康普辉，艾波．实验室变风量排风柜原理及其控制应用［J］．化工自动化及仪表，2013（10）：1330~1331，1333.

[33] 邵浩．定风量阀、变风量阀在空调系统中的应用［J］．电子制作，2013（7）：192.

[34] 阙炎振，李强民．现代实验室变风量排风柜罩面风速的控制［J］．建筑热能通风空调，2003（4）：46~48.

[35] 马俊杰．化工厂实验室设计［J］．化工设计，2010，20（2）：29~32.

[36] 王惠敏．化工厂化验室的设计［J］．化工设计与开发，1992（4）：5~13.

[37] 古元梓，孙家娟，魏永生．浅谈无机化学实验室的管理［J］．经营管理者，2010（18）：151.

[38] 彭彬．化学实验室"三废"的处理方法［J］．四川环境，2004，23（6）：118~121.

[39] 蒋维，钟兆平，边智虹，等．化学实验室废水处理方法的探讨［J］．资源环境与工程，2006，20（6）：812~814.

[40] 包锦渊，王国平．化学实验废弃物处理方法研究［J］．青海师专学报（教育科学），2006（5）：90~92.

[41] 匡哲．实验室化学污染废弃物处理研究［J］．科技资讯，2012（13）：147.

[42] 钱初洪，梁巧荣，刘钊．高校化学实验室的建设与设计方案［J］．肇庆学院学报，2011，32（5）：53~56.

[43] 李弘玉，王新利．谈高校化学实验室建筑设计［J］．低温建筑技术，2008（6）：31~32.

[44] 陈卫丰，倪晓天．环境监测实验室的安全防护［J］．污染防治技术，2010，23（4）：34~36.

[45] 潘强．岳阳市环保局环境监测中心分析实验室设计方案［D］．湖南：湖南工程学院化学化工学院，2014.

[46] 周文龙．适用于环境监测站实验室样品规范化管理的模式［J］．广东科技，2014（10）：18~19.

[47] 李莉．中小型环境监测实验室仪器设备的配置［J］．山西建筑，2011，37（21）：192~193.

[48] 王卫星．物理实验室不安全因素分析及安全措施［J］．安全与环境学报，1998（6）：23~25.

[49] 李伟．接地电阻计算［J］．新疆电力技术，2009（2）：68~70.

[50] GB 19489—2008 实验室　生物安全通用要求［S］.

[51] GB 24820—2009 实验室　家具通用技术条件［S］.

[52] GB/T 29253—2012 实验室　仪器和设备常用图形符号［S］.

[53] GB/T 31190—2014 实验室　废弃化学品收集技术规范［S］.

[54] JG/T 222—2007 实验室　变风量排风柜［S］.

[55] GB/T 24777—2009 化学品理化及其危险性检测实验室安全要求［S］.

[56] GB/T 17949.1—2000 接地系统的土壤电阻率、接地阻抗和地面电位测量导则　第1部分：常规测量［S］.

[57] GB 50736—2012 民用建筑供暖通风与空气调节设计规范　附条文说明［另册］［S］.

[58] GB 50057—2010 建筑物防雷设计规范［S］.

[59] GB 8978—1996 污水综合排放标准［S］.

[60] GB 50016—2014 建筑设计防火规范［S］.

［61］GB 14925—2010 实验动物 环境及设施 ［S］.

［62］GB 50073—2013 洁净厂房设计规范 ［S］.

［63］GB 50346—2011 生物安全实验室建筑技术规范 ［S］.

［64］GB 18871—2002 电离辐射防护与辐射源安全基本标准 ［S］.

［65］GB 50189—2015 公共建筑节能设计标准 ［S］.

［66］JGJ 16—2008 民用建筑电气设计规范 附条文说明 ［另册］［S］.

［67］GB 50314—2015 智能建筑设计标准 ［S］.